水生态修复技术

司马卫平　廖熠　主编

延边大學出版社

图书在版编目（CIP）数据

水生态修复技术 / 司马卫平，廖熠主编. -- 延吉：
延边大学出版社，2021.6
  ISBN 978-7-230-01480-9

  Ⅰ．①水… Ⅱ．①司… ②廖… Ⅲ．①水环境－生态
恢复 Ⅳ．①X171.4

  中国版本图书馆CIP数据核字(2021)第128907号

水生态修复技术

主　　编：司马卫平　廖　熠
责任编辑：金　鑫
封面设计：王　朋
出版发行：延边大学出版社
社　　址：吉林省延吉市公园路977号　　邮编：133002
网　　址：http://www.ydcbs.com
　　　　　E-mail:ydcbs@ydcbs.com
电　　话：0433-2732435　　　　　传真：0433-2732434
发行部电话：0433-2732442　　　　传真：0433-2732266
印　　刷：北京市迪鑫印刷厂
开　　本：787毫米×1092 毫米　　1/16
印　　张：6.75
字　　数：140千字
版　　次：2022年3月第1版
印　　次：2022年3月第1次印刷
ISBN 978-7-230-01480-9

定价：52.00元

前　言

　　近年来，随着我国经济的高速发展和科技的进步，人类的活动范围不断扩大，社会的经济增长方式也有所改变，社会主义现代化建设取得了举世瞩目的成就。但是在综合国力快速增长的同时，水生态环境被严重污染，这对整个环境的生态平衡产生了很大的负面影响。目前我国水生态环境污染的状况已十分严重，影响了 60% 以上的水体。

　　现行的水生态修复技术主要分为两种，即生物生态治理技术和生态水利工程技术。生物生态治理技术分为生物治理技术和生态治理技术；生态水利工程技术分为河道修复、河道内和流域内栖息地修复等。这些技术在我国得到了一定的应用，并取得了良好的效果。但是由于我国水域众多、生态环境类型复杂，距离完成水生态环境的修复目标还有不小的距离，因此水生态修复技术在我国还有广阔的应用和发展空间，必将走向一个多学科交叉、技术手段不断革新的明天。本书简要介绍了水生态环境和水生态修复技术的概念，分析了其在水生态环境修复中的重要应用。

　　本书内容丰富，文字叙述通俗易懂，注重实用性，但由于编者水平有限，书中难免存在疏漏，恳请广大读者在使用后提出宝贵的意见和建议，以便我们及时做出修订。

目　录

第一章 水资源与水生态概述

第一节 水资源概述

世界水资源研究所认为，全世界有 26 个国家约 2.32 亿人口面临着缺水的现状，另有 4 亿人口用水的速度超过了水资源更新的速度；世界上约有 1/5 的人口得不到符合卫生标准的淡水；占世界 40% 的 80 多个国家在供应清洁水方面有困难；水污染每年致死 2 500 万人，传播最广泛的疾病中有 50% 都是直接或间接通过水传播的。我国作为缺水的国家之一，水资源供求矛盾日益突出。在经济发展中水资源被先破坏后恢复、先污染后治理的情况比比皆是，其中重要的原因是人们的环保节能观念、科学保护与节约用水的观念落后。因此，应当更新人们的观念，增强人们节约用水的意识，努力实现水资源可持续利用。只有处理好人与水、经济与水、社会与水、发展与水的关系，才能克服发展中的困难，缓解与水资源环境的冲突，才可以达到人与自然的和谐，才可以实现人类社会的可持续发展。

一、节约用水的重要性

水是基础性的自然资源，又是战略性的经济资源。水是人类社会发展不可缺少也不可替代的资源，因此，节约用水、保护水资源具有重大战略意义。节约用水既可以减少从天然水体取水，缓解水资源危机，又可以减少供水和处理水的费用，还可以减少排水量和处理废水、污水的费用。供水增加，排水量就会不断增加，污水处理费用也将增加。只有节约用水，显著减少城市供排水量，才能将费用降下来。不仅是水资源贫乏的地区要节水，水资源充足的地区也要节水。国家高度重视节水工作，已把节水工作提高到一定的战略高度。2004 年 3 月 10 日，在北京召开的中央人口资源环境工作座谈会提出："中国要积极建设节水型社会。要把节水作为一项必须长期坚持的战略方针，把节水工作贯穿于国民经济发展和群众生产生活的全过程。"这足以说明节水的重要性。

二、我国水资源及其开发利用概况

（一）水资源量概况

以 2019 年中国水资源公报为例，我国多年平均水资源总量为 29 041 亿 m³，其中地表水资源量为 27 993.3 亿 m³，地下水资源量为 8 191.5 亿 m³；我国水资源总量占世界水资源总量的 8%，排名世界第六；人均占有水资源量为 2 200m³，只有世界平均的 1/4，排在世界各国的第 121 位，但要维持占世界人口总数 21.5% 的人类活动，因而水资源问题十分严重，成为经济发展中的重要制约因素。按照国际公认的标准，人均水资源低于 3 000m³ 为轻度缺水；人均水资源低于 2 000m³ 为中度缺水；人均水资源低于 1 000m³ 为重度缺水；人均水资源低于 500m³ 为极度缺水。总体上看，我国虽然属于轻度缺水，但是水资源分布不均衡。我国目前有 16 个省（区、市）人均水资源量（不包括过境水）低于重度缺水线，有 6 个省、区（宁夏、河北、山东、河南、山西、江苏）人均水资源量低于 500m³，属极度缺水。另外，我国人口、耕地和水资源分布极不平衡，北方人口占全国的 2/5，但水资源占有量不足全国水资源总量的 1/5；南方人口占全国的 3/5，而水资源量占有量为全国的 4/5；北方人均水资源拥有量为 1 127m³，仅为南方人均的 1/3。长江以北五流域（东北诸河、滦河、淮河和山东半岛、黄河、内陆诸河）耕地面积占全国耕地面积的 3/5，是我国重要的农耕地区，但平均水资源总量只有 5 358 亿 m³，仅占全国水资源总量的 19%；相反，南方耕地面积占全国 2/5，但多年平均水资源总量为 22 766 亿 m³，占全国水资源量的 81%。此外，我国的降水在年内分配上很不均衡，多数地区在汛期 4 个月内的降水量占全年降水量的 60% ~ 80%。降水量的集中易形成洪水，不仅无法利用，而且易形成洪涝灾害。

（二）水资源开发利用概况

2019 年，我国年用水量为 6 021.2 亿 m³，其中农业用水约 3 682.3 亿 m³，工业用水约 1 217.6 亿 m³，生活用水约 871.7 亿 m³。从开发利用程度分析，全国水资源开发利用率达到 20%，平原区浅层地下水开采率近 100%。北方地下水已严重超采，北方各主要河流的径流利用率都超过国际上的通行标准（河流本身的开发利用率不得超过其水资源量的 40%）。从用水指标分析，全国人均用水量 431m³，万元 GDP 用水量 60.8m³，万元工业增加值用水量 38.4m³，耕地实际灌溉亩均用水量为 368m³，城镇人均生活用水量（含公共用水）225L/d，农村居民人均生活用水量 89L/d。在用水结构中，产值低的农业耗水量过大、地下水开采率过高、企业污水排放量逐年增多、污水治理"欠债"过多等原因使我国水资源的形势变得十分严峻。

三、加强节约用水的各项措施

（一）加强政策、法规导向，促进水资源高效管理

国家和地方应抓紧研究、制定、完善节约各种资源和发展循环经济的法规与技术规范，特别要抓紧制定各项资源综合利用和废物循环利用的法规和配套政策，包括鼓励发展循环经济的财税、价格、投资、金融等配套政策，以形成比较完善的节约资源和发展循环经济的法律法规和政策框架体系。要明确法律责任，强化法律监督，做到"有法可依、有法必依、违法必究"。各地方要结合本地实际制定适合本地区的水价政策，构建分级考评、分级成本核算体系与政策环境；建立统一高效的水资源管理制度；遵循"优化配置、合理利用、有效保护、安全供给、奖罚分明"的水资源管理方针。应把管理重点放在人口集中、耗水量大的工厂、学校、机关、企事业单位，以及高耗水营利单位（如洗浴、游泳馆、洗车场）等；实行不同行业不同水价、不同水质不同水价以及不同时间不同水价等有利于节约与保护水资源的政策。在实施中应根据具体的对象、具体的环境制定法律法规和相关政策，政府机关、企事业单位应将节水、节能、环保等标准纳入本单位的综合考核管理，对未实现年度节水、节能、环保工作目标的部门取消其申报节能奖和先进集体的资格；对于节水等岗位职责及工作任务能分解到个人的，则应将节水与保护水环境方面的工作情况作为个人年度考核和评选先进的重要考核指标之一。对于城镇居民日常生活用水，可以通过适当提高水价以及阶梯水价的办法来使人们合理用水，以增强人们节水的意识，提高其节水的自觉性。

（二）加大节水宣传力度，增强全社会节水的观念

节水工作涉及各个阶层、各个方面、各个领域，是备受全社会关注的大事，需要全社会共同参与。尽管各级政府及有关部门在加强节水宣传方面做了很多工作，但浪费水资源的现象依然存在。因此，政府部门需要进一步加大宣传力度，充分利用报纸、杂志、广播、电视、互联网等一切宣传形式，广泛、深入、持久地开展节水宣传，不断提高节水宣传的质量和效果；大力宣传节水方针、政策、法规和科学节水知识，以及新的节水典型经验和节水方法；要建立健全节水工作的社会监督体系，组织社会公众、新闻媒体工作者参与节水监督工作，要与浪费水资源、破坏水环境的各种行为和现象作斗争；要最大限度地调动全民参与节水型社会建设的积极性，努力使节水工作取得实实在在的效果；要增强全社会对水资源的危机感，认识到节水的重要性、紧迫性。

（三）增加节水投入，研发多种节水技术、设备

节水带有很强的公益性，应采取以政府投入为主、全社会共同负担的投资政策，研究建立多元化、多渠道的投入机制。在农业用水方面，要大力发展各种节水灌溉技术，改变农村落后的大水漫灌、浇灌为喷灌、管灌、滴灌和微灌，降低单位面积用水量，提高水的利用率；在农村，特别是缺水少雨的地区应广泛推行房前、屋后、田间修建集雨水池，努

力提高天然水利用率，减少开采地下水。在工业用水方面，组织耗水量大的行业企业开展水平衡测试工作，制定合理的行业用水定额、节水标准，对企业节水实行目标管理；要支持现有企业进行节水技术改造，提高废、污水的处理、回用和沿海缺水地区海水的利用率，鼓励使用再生水，提高污水再生利用率；在企业中推广节水工艺、设备，降低水耗，提高水的重复利用率，降低工业产品单位耗水量。在居民日常生活用水方面，要降低供水管网漏失率，使用节水型生活用水器具，倡导一水多用，从而降低居民生活用水损耗，减少水的使用量，提高水的利用率。

（四）加快开展全社会节水规划工作

由于各地区缺乏系统的节水规划，使节水工作的开展受到了很大的制约，因此应尽快制定全社会节水规划工作大纲和技术细则，抓紧开展全社会节水规划工作。节水规划要以区域水资源和水资源供求计划为基础，坚持政府行为与市场行为相结合、工程措施与非工程措施并重的原则；要注重采用新技术、新方法，以提高科技成果含量，使规划具有全面性、先进性、可行性和指导性。

（五）加强水资源管理，保护和改善水资源、水环境

在水资源管理中应做好以下工作：一是加强水资源论证工作，无水资源论证的项目坚决不予审批；二是完善并严格执行相关政策法规，对新建、改建、扩建的工业项目要坚持水资源论证、取水许可审批和节水设施的"三同时"管理；三是鼓励各行各业采用先进的节水技术、工艺与设备，提倡集约产业和治理、回收、利用"三废"的新理念，提高节能增效力度；四是加大排污监管力度，严格控制"三废"的排放总量，坚持谁污染、谁治理、谁付费，偷排、超排从重处罚的原则；五是实施退耕还林、退牧还草政策，加强控制水土流失，确立以生态为主的经济发展方向；六是建立保护水资源、水环境的经济补偿和奖励机制，以此增强人们保护水资源、水环境的意识。总之，加强节约用水是人们共同的责任，要靠政府部门的有效管理与全民的共同参与，使全社会形成共识，从根本上解决节约用水的各项问题。

第二节　水生态概述

在社会生产、生活中，水生态环境保护与修复工作至关重要。这项工作不仅能促进水循环系统处于稳定状态，还能构建和谐稳定的水环境，供生产、生活、绿化等社会活动所需。随着社会大环境被污染，水生态环境自身的使用功能也遭到破坏，如生态水系被挤占、水环境污染日益严重等。对河流、湖泊等水资源生态环境的保护是实现水与环境和谐发展、共融共存的关键。在水生态环境被破坏的过程中，水资源、水环境及水灾害问题越来越复杂，成为自然资源遭到破坏中的主要问题。因此水生态环境的保护与修复工作迫在

眉睫，如何开展相关的保护与修复工作成为当前关注和研究的重点话题。基于此，本节首先分析了水生态环境存在的问题，最后重点阐述了水生态环境保护与修复工作的重点措施。

一、水生态环境存在的问题

（一）生态用水被过多挤占

社会经济快速发展，人民生活水平得到了很大提高，但是人们缺乏基本的水资源保护意识，用水量不断增多，需水量也不断增大，造成水资源生态环境失衡。同时，人为破坏河流，过多地利用湖泊中的水资源，易使自然生态环境的承载能力过大，导致水资源稳态失衡。生态用水被过多挤占，造成水资源量匮乏。与此同时，人们的用水量却并没有减少，这样就容易导致水生态环境的稳定状态及使用功能出现问题，这些问题应引起人们的重视。

（二）水生态系统功能遭到破坏

人为过多地破坏自然生态系统中的水资源，会造成水资源使用功能呈现退化状态，如河道的干涸、断流，水环境的污染、过度浪费使用等，都会导致水生态系统环境的使用功能下降。此外，人类过度开采地下水，或雨水量近几年呈现减少趋势，都会使水生态系统的使用功能呈现出恶化状态，从而导致地表层沉降。

此外，水生态环境具备一定的禀赋，但是随着自然环境遭到破坏，人们对水资源环境控制的不重视，导致水资源生态环境自身的禀赋逐渐减少，优越性存在的概率降低。同时人类破坏活动的加剧导致土壤主体环境遭到破坏，土壤环境呈现出沙漠化的发展倾向。土壤环境与水生态环境之间相互合作，不仅能够加强水生态环境的保护，同时也能够解决土壤环境承载能力减小的问题。

二、水生态环境保护与修复工作的重点措施

（一）启动水生态环境保护与修复工作专项计划

水生态环境保护工作是一个相对漫长复杂的工作过程，需要各个地区，乃至各个国家相互合作、分享合作治理方案，为实现水生态环境保护与修复工作的顺利开展奠定坚实基础。在我国，已通过启动水生态环境保护与修复工作的专项计划，提升了整个研究领域对水环境保护的重视程度。同时水行政主管部门及各地区政府管理部门，也制定了长期有效的水资源保护计划。该计划涉及农村用水灌溉、防洪排洪、居民日用水、生产用水等方方面面，对主要的供水资源定期进行水质检测，并定期排查水质变化情况。此外，在制定专项水资源保护计划过程中，应对不同区域内的用水情况进行充分分析，以加强区域重点治理。

（二）开展和实施湿地系统保护工程

在水生态环境保护及水生态环境的修复工作中，水污染治理是其核心工作内容。良好

的湿地保护系统不仅能够促进水污染防治计划的有效落实，还能够对水资源的合理应用进行科学调配，对水体中吸收的各种污染物进行降解处理，以实现净化水体的作用。各地区应加强湿地系统保护，对各种破坏湿地系统的行为进行制止，切实做好人与水资源生态系统的和谐发展。同时，在水污染环境整治的过程中，应遵循因地制宜、精确评估的治理原则，加强对水生态环境保护工作的监管，并落实监管措施。

（三）加强落实水生态环境保护与修复工作

在水生态环境保护与修复管理工作中，要根据河流、湖泊流域内水环境的污染状况，制定可持续发展的污染治理措施。对不同的水域、区域进行全面治理，并开展和落实地区水资源污染的调查工作，从实处加强监管措施的有效实施。此外，还要重点加强对水生态环境的保护与修复工作，提高水生态环境保护工作的意识，对不同流域、区域的水资源污染现状进行有效的改善，以促进水资源防治工作的可持续开展。要将社会经济发展与水生态环境保护与修复工作的具体内容紧密联系起来，重点关注社会对水生态环境保护的力度，促进社会水生态环境的稳定运行及管理。要运用水资源环境污染治理的技术手段，切实做好水体净化、水资源的合理调配等工作，做到充分利用水资源，不浪费、不污染。

综上所述，水生态环境保护与修复工作需要长时间、跟踪式的开展，相关治理工作也需要加强监管。在这个过程中，首先要做到治理理念先进，治理技术过关，人的思想观念不断提高，这样才能够依据技术需求、治理需求，开展长远可持续的水生态环境保护与修复工作。

第二章 水生态系统概述

第一节 水生态系统

一、水生态系统的含义

水生态系统,是指自然生态系统中由河流、湖泊等水域及滨河、滨湖湿地等组成的河湖生态子系统。水生态系统包含的水陆生物群落交错带和水域空间是水生生物群落重要的生存环境。良好的水生态系统在维系自然界能量流动、物质循环、净化环境、缓解温室效应等方面有显著的功能,对维护生物多样性、保持生态平衡发挥着重要的作用。

二、影响水生态系统的因素

因为水生态系统具有开放性,所以容易受外界影响而发生变化。其影响因素分为自然因素和人为因素:自然因素包括天体运动、水文气象条件、地质变迁等;人为因素包括截流、排污、过量取水、植被破坏、修建工程项目、造田等。这些因素的影响可以是正效应,也可以是负效应。它们不仅单独作用,还能相互作用,具有叠加或叠减作用。影响水生态系统最直接、最根本的因素是水质和水量。

三、生境修复与生物多样性保护技术

(一)河流蜿蜒度构造技术

通过测量修正蜿蜒参数直接修复原有蜿蜒模式。参考附近未受干扰的河段,适当设计,让河道自然稳定。

(二)河流横断面多样性修复技术

河流横断面包括河槽、洪泛区和过渡带。在满足设计洪峰流量和平滩流量的基础上,设计多样化断面可对河流断面进行修复。

（三）河道内栖息地加强技术

河道内栖息地加强技术是指利用木材、块石、适宜植物以及其他生态工程材料，在河道局部区域构筑特殊结构，调节水体与岸坡之间的作用，从而形成多样性的水边地貌和水流特性，增加鱼类等其他水生生物的栖息地。该技术包括建设砾石与砾石群，具有护坡和掩蔽作用的圆木、挑流丁坝、叠木支撑、生态堰等。

（四）生态护岸技术

生态护岸是指恢复生态功能的自然河岸或者具备水透性的人造护岸。在建设生态护岸中，不但要保证河道水环境与河岸的物质能量交换，还要使生态护岸具备行洪和景观功能，但不能弱化河道的水体自净能力。生态护岸修复机理主要是通过提供生物栖息地和增加水体溶解氧来保持周边生物的多样性和水陆缓冲带的连续性。根据使用的不同结构材料，生态护岸可分为自然型、半自然型和人工型三类。自然型生态护岸采用植被、原木或干砌石等柔性材料建设；半自然型生态护岸则是在柔性材料基础上加入混凝土、钢筋等材料进行加强硬度，由此提高坡面稳定性；人工型生态护岸则是使用生态混凝土、土壤固化剂和框格砌块等材料作为地基，再铺设壤土并种植草木。

（五）生态清淤技术

生态清淤技术是指以生态修复为目的去除沉积于湖底、河底的富营养物质的技术，包括清除淤泥、半悬浮的絮状物（藻类残骸、休眠状活体藻类）。

（六）水系连通技术

水系连通技术能提高流域和区域水资源统筹调配能力，为洪水提供出路和蓄泄空间，并增强水体自净能力，修复水生态功能。通过统筹规划闸坝、堤防布局，可以优化调度运行，减缓阻隔，恢复河湖纵向、横向、竖向的连通。

（七）河湖岸线控制技术

河湖岸线控制技术是指综合分析河岸、湖岸开发利用与保护中存在的问题，合理确定岸线范围、划分功能区，并提出岸线布局调整方案和利用与保护措施。以此来保障河道、湖泊行洪安全、蓄洪安全，维护河流健康，做到科学利用和保护岸线。

（八）过鱼设施

过鱼设施即让洄游鱼类繁殖时能溯河或降河，通过河道中的水利枢纽或天然河坝设置的建筑物和设施，包括鱼道、仿自然通道、鱼闸、升鱼机和集运鱼船等设施。

（九）增殖放流

增殖放流即对处于濒危状况或受人类活动胁迫严重，具有生态及经济价值的特定鱼类进行驯化、养殖和人工放流。

（十）迁地保护

迁地保护即为洄游鱼类提供新的产卵场地、索饵场和越冬场而采取的一系列保护措施。

（十一）"三场"维护技术

在水电工程建设过程中，为维护特有、濒危、土著及重要的渔业资源，要特殊保护和保留未开发河段，对动物的产卵场、索饵场、越冬场等重要原生境进行保护。这就叫"三场"维护技术。

（十二）分层取水技术

分层取水技术即为减轻下泄低温水对下游水生生物或农田灌溉的不利影响而采取的水温恢复和调控措施。

（十三）过饱和气体控制技术

过饱和气体控制技术是指在水库运行、发电、泄洪过程中降低泄水气体饱和度，合理消能，减少气体过饱和的发生。

四、环境流调控技术

环境流是指能维持河流、湖泊、河口地区生态环境健康和生态服务价值，符合一定水质、水量和时空分布规律要求的河流、水流体制。

（一）生态需水控制

生态需水控制广义上是指维持全球生态系统水分平衡的控制，包括维持水热平衡、水盐平衡、水沙平衡等所需的水。狭义上是指为保护生态环境不再恶化，逐步改善对所需要水资源总量的控制。

（二）生态调度控制

生态调度控制广义上是指在强调水利工程经济效益与社会效益的同时，将生态效益提高到应有的位置；保护流域生态系统健康，对筑坝给河流生态环境带来的负面影响进行补偿；考虑河流水质变化，保证下游河道生态环境的需水量。狭义上是指在实现防洪、发电、供水、灌溉、航运等社会活动的前提下，兼顾河流生态系统需求的调度方式。

五、水景观与水文化技术

（一）水景营建技术

水景营建技术包括基地分析评价、水体深度与规模确定、生物栖息地营建、植被景观营建和设计营建等。

（二）浅水湾营建技术

浅水湾营建技术即模拟天然河流水体的塑造形式，在河床宽阔处或者冲刷作用弱的区域，扩大水面设置浅水湾，形成缓坡断面。

（三）景观跌水营建技术

景观跌水营建技术即水流从高向低由于落差跌落而形成的动态水景。

（四）景观喷泉营建技术

景观喷泉营建技术即应用水力循环系统使水循环流动起来，避免形成死水、臭水，是一种有效的曝气方式，也是一种优秀的水景营建手段。

（五）植被景观营建技术

植被景观营建技术即通过科学配置植物群落，构建具有生态防护和景观效果的滨水植被带，发挥滨水植被带对水陆生态系统廊道的过滤和防护作用，提升生态系统在水体保护、岸堤稳定、气候调节、环境美化和旅游休闲等方面的作用。

（六）线性游步道系统营建技术

线性游步道系统营建技术即利用园路、台阶、坡道、步行桥等景观构筑元素，构建步移景异的线性景观系统。

（七）游憩场地营建技术

游憩场地营建技术即建设集散广场、休息场地、观赏平台等开放空间，为人们提供休息、锻炼、娱乐、观光等服务功能。

（八）景观设施营建技术

景观设施营建技术即建设景观装置、亭、廊、雕塑等来展示历史、地域、城建与产业文化等。

六、水生态环境修复技术

（一）人工湿地技术

人工湿地技术是在自然湿地水质净化原理的基础上派生出的生态处理技术，实质上是通过模拟自然湿地的原理和形式，人为设计和建设而成的湿地系统。它是由饱和基质、挺水与沉水植被、动物和微生物组成的复合生态系统。

（二）生物生态技术

生物生态技术是指利用微生物、植物等生物的生命活动，对水中污染物进行转移、转化及降解的原位水质净化技术。该技术在完成水质净化的同时，也能形成适宜多种生物生息繁衍的水生态系统，从而提高水体的自净能力。这类技术一般工程造价较低、耗能低或无能耗，从而使得运行成本低廉，不会引起水体二次污染。与其他利用水处理构筑物进行水质净化的技术相比,生物生态技术并非对一定量的水流进行强制性处理,而是营造一种具有若干作用的叠加来达到去除污染物的近自然体系。它基于各种生物生态作用的融合,可产生可观的加和效应,对城市水体水质的改善也起到非常显著的作用。

1. 生物挂膜技术

生物挂膜技术是指利用置于水中的固形介质表面上附着的生物膜的作用进行水质净化过程的技术。一般来说,任何能够提供附着界面的固体介质(包括人工介质和水生植物根、茎、叶等自然介质)都具备可提供生物挂膜的条件。通过溶解氧和生化需氧量从水层向生物膜的传质,有机物得以降解,生物膜得以生长和维持。与此同时,其他污染物也能通过生物膜表面的吸附作用从水中分离出来,生物膜的厌氧层也能发挥一定的反硝化脱氮的作用。

适合于城市水体原位水质净化的人工载体通常为轻质材料,如陶粒等轻质粒状载体充填的悬浮填料床,可悬挂在水流通道中的弹性立体填料,在固定支架上设置绳状或丝状生物接触材料而构建的生物栅等。具体应用中应结合所在地区的自然气候条件、水体条件、污染状况和维护管理水平等因素选用。

2. 浮床植物净化技术

浮床植物净化技术是在漂浮于水面的浮垫上种植植物,利用植物根部的吸收、吸附作用,将水中的氮、磷等营养物作为植物生长的营养物质加以利用,达到净化水体水质的目的。该技术主要适用于富营养化程度较低、有机污染程度低的城市缓流水体。浮床植物净化技术通常是城市水体原位水质净化的措施之一,宜与其他水质净化技术联合使用。

3. 水生植物净化技术

水生植物净化技术主要利用水生植物的生长过程,通过植物吸收水中营养盐等污染物,再通过水生植物的收割,达到去除污染物的目的。此外,水生植物还可利用其自身与对藻类营养物、光照和生态位的竞争及分泌物,干扰和抑制水中藻类的生长,改善水体生态条件。对于污染程度较低的城市水体,水生植物净化技术能起到良好的生态效果。

4. 水生动物操控技术

水生动物操控技术是指利用底栖动物、浮游动物、鱼类等水生动物间的捕食竞争关系及消费者和生产者之间的相互依赖和制约关系,在水中构建完整的生态食物链或食物网,从而改善水体生态条件。水生动物操控技术有助于降低水体浮游植物量,提高水体透明度,适用于换水周期长、水体污染程度较低的城市水体。常用的水生动物包括蚌类、螺类、食草鱼类和杂食鱼类等。作为改善水体生态条件的其中一个环节,水生动物操控技术应与水生植物净化技术以及其他措施联合使用,才能达到较好的效果。

第二节　湿地生态系统

　　湿地是人类最重要的环境资本之一，也是自然界中富有生物多样性和较高生产力的生态系统。它不但具有丰富的资源，还具有巨大的环境调节功能和生态效益。各类湿地在提供水资源、调节气候、涵养水源、均化洪水、促淤造陆、降解污染物、保护生物多样性和为人类提供生产、生活资源方面发挥了重要作用。

一、湿地的含义

　　湿地是指不论其为天然或人工、长久或暂时的沼泽地、湿原、泥炭地或水域地带，带有静止或流动的淡水、半咸水及咸水水体，主要包括湖泊、河流、天然沼泽、湿草甸、泥炭地、洪泛平原、滞蓄洪区、滩涂、河口三角洲、池塘、水库、水稻田以及低潮时水深不超过 6 米的海域地带等。此外，池塘、鱼塘、虾塘、灌溉农地、水库、沙砾矿坑、盐池、污水处理场以及运河也是湿地。

　　湿地是地球上具有多种独特功能的生态系统。它不仅为人类提供大量食物、原料和水资源，还在维持生态平衡、保持生物多样性和珍稀物种资源以及涵养水源、蓄洪防旱、降解污染调节气候、补充地下水、控制土壤侵蚀等方面均起到重要作用。

二、我国湿地的特点

　　我国湿地的特点是类型多、面积大、绝对数量大、分布广、区域差异明显、生物多样性丰富。我国湿地生境独特，物种数量多，有重要的经济价值和科研价值。中国湿地是世界某些鸟类唯一的越冬地或迁徙的必经之地。

三、我国湿地面临的威胁

（一）湿地面积和数量不断减少

1.面积不断减少

　　由于缺乏有力的保护措施和缺乏完善的保护机构，湿地面积连年减少。洞庭湖是中国第二大淡水湖，然而在中华人民共和国成立以后，"八百里洞庭"减少了 40%。湖泊支离破碎，面积已大大缩小，甚至露出了明朝的古石桥。

2.数量不断减少

　　在我国，各类湿地资源成为原始性开发利用的对象。国家林业和草原局的一份报告称，我国一半的沿海滩涂已经消失，13% 的湖泊已经从地图上消失。

（二）污染加剧

水污染是威胁湿地的头号杀手。流向湖泊的污染物增多，使得水体富营养化进程加快。我国 2/3 的湖泊受到不同程度的污染，七大水系中有 63% 的河段成为三类甚至四类水质，这类水人们无法饮用。从辽东湾、渤海湾、胶州湾一直到江苏、浙江、福建等地，赤潮现象频繁发生。

（三）流域水土流失严重，湿地破坏严重

海西滩涂仍在开荒，如新疆艾比湖盆地内降水量少，在阿拉善口大风作用下形成的盐尘天气造成蒸发量大、面积锐减，同时地下水矿化度高等原因也加速了湿地盐渍化。

（四）功能降低，丧失调节水量的作用

沿江两岸许多地方的水利设施建设过滥过密，人为地切断了湖泊与长江的天然联系，使水系能流和物流中断或不畅，削弱了生态系统的自我调控能力，导致与长江相连的湖泊数量由 100 多个减少到现在只剩下鄱阳湖、洞庭湖、石臼湖 3 个。湖泊日益丧失调节江河水量的作用，湖泊自然资源及其生态环境受到不同程度的影响和破坏。

四、湿地被破坏的原因

湿地被破坏、生态环境不断恶化，既有自然因素，又有人为因素，但人类活动已经严重影响了湿地的生存。

（一）自然因素

1. 全球气候变暖

气候干旱化趋势是湿地退化的主要原因之一。随着近年来气候干旱，降水量减少等原因，湿地出现了变干的现象，如湖泊干涸等。湿地变干带来的生态环境改变，往往无法恢复。

2. 湖泊的沼泽化

湿地本身就是泥沙淤积自然消亡的过程。上游地区对森林的乱砍滥伐和毁林种粮，使水土流失加剧，含沙量增大，也加快了湖泊的沼泽化过程。湿地面积急剧缩减，湖泊数量减少，湖泊面积缩小。

3. 物种入侵

以米草为例，米草有促淤造陆、保滩护岸、防止海浪侵袭滩涂等作用。但是，其极强的抗逆性和极快的蔓延速度占领了大片滩涂地。大部分区域扩张的速度达到了 100 米 ~ 200 米 / 年，米草覆盖面积越来越大。

米草占领滩涂地，使海产品的栖息生长地遭到破坏，从而影响了鸟类，如白鹭、丹顶鹤等在滩涂地取食，导致鸟类转移栖息地。米草占领海滩，海洋生物受大米草的阻隔，无法返回海洋，最终死亡。

（二）人为因素

1. 过度开发水资源

湿地是工农业和居民生活的主要水源地，不合理用水和过度用水已经使中国湿地供水能力受到极大影响。过度开发水资源，导致水位下降、地表水减少。湿地内储存的100多亿 m³ 地表水随之减少了87亿 m³，200多条湿地性河流出现干涸萎缩的现象。

2. 盲目建设水利工程

中国境内的水电工程修建缺乏科学的论证与总体规划，阻断了自然河流与湖沼等湿地之间的天然联系。中华人民共和国成立以来，仅长江流域就修建了近46 000座水坝，7 000多座涵闸。由于缺乏合理规划和预防措施，中下游大部分湖泊已与江河隔断，形成"孤湖"。在河流系统中，湖泊与河流干、支流构成一个完整的河湖复合生态系统。河道与通河湖泊作为不同类型的生态单元，发挥各自的生态功能，这一平衡受到了威胁。

3. 无序开垦和改造湿地

随着人口膨胀和城市化进程加快，大量湿地被过度开发，主要体现在围湖造田、围海造地、截流水源、滩涂地变为农田、毁湿造田、过度从湿地获取自然资源等。大规模的围湖造田是导致湿地面积减少的最直接、最主要的成因。人为采砂活动也加剧了对湖滩植被和生态环境的影响和破坏。河流被人们当作下水道、垃圾场，向河道随意倾倒建筑和生活垃圾的现象普遍存在。

4. 过度开发生物资源

湿地生态系统失衡导致一些物种灭绝。这破坏了生物多样性和生态系统的平衡。过度开发生物资源，包括猎杀、捕捞、采挖等行为。这使得湿地植物丰度减少，生物生产量下降，濒危植物种类增加，濒危动物特别是珍稀水禽的数量逐年减少。

5. 随意污染水资源

污染是中国湿地面临的最严重威胁之一，湿地污染不仅使水质恶化，而且也对湿地的生物多样性造成严重损害。

（1）富营养化进程加快。20世纪70年代，我国湖泊富营养化面积约为135平方千米，而随着近年来经济社会快速发展，富营养化面积已达约8 700平方千米，激增了约60倍，太湖蓝藻的爆发更是给我们敲响了警钟。

（2）水质污染加重。湿地正在被工业区排放的废水、废气、废渣侵蚀。污染带来水质恶化，水污染的严重程度已经远远超出人们现有的净化水体的能力。如南黄海湿地水系发达，上游化工企业众多，由于受到各种因素的影响，有些化工企业未经处理就将用过的废水直接排放到河流，流入黄海。

五、湿地的保护与可持续发展

（一）建立湿地资源信息库

1992 年，中国加入《关于特别是作为水禽栖息地的国际重要湿地公约》（简称《湿地公约》）后，开展了一系列富有成效的工作。从 20 世纪 70 年代开始建立湿地自然保护区，我国湿地保护管理工作取得了一定的成绩，湿地自然保护区的建设明显加强。全国共建立各级湿地自然保护区 473 个，超过 40% 的自然湿地纳入了自然保护区的保护管理范围，得到了较为有效的保护，其中国家级湿地自然保护区 43 处，面积约 4.02 万平方千米。这些保护区对保护湿地资源起到了十分重要的作用。2003 年国务院同意将《全国湿地保护工程规划 (2002—2030 年)》作为今后湿地保护的指导意见。到 2030 年，90% 以上的天然湿地能得到有效保护，同时还将完成 1.40 万平方千米湿地恢复工程。

（二）总体目标

《全国湿地保护工程规划》于 2003 年 10 月颁布，使湿地保护有了保护依据。各级政府也根据各地实际情况合理利用法律、政策，形成了有效的科研监测体系。通过科研监测体系、宣传教育体系和保护管理体系建设，已形成湿地保护、管理、建设体系，我国成为湿地保护和管理的先进国家。

预计到 2030 年，全国湿地保护区将达到 700 多个，国际重要湿地将达到 80 个，90% 以上的天然湿地能够得到有效保护。目标完成湿地恢复工程 1.40 万平方千米，其中 2004 年—2010 年这 7 年间，建设湿地 90 个，投资建设湿地保护区 225 个，其中重点建设国家级保护区 45 个，建设国际重要湿地 30 个，治理富营养化湖泊生物治理 3 处；实施干旱区水资源调配和管理工程 2 项，湿地恢复 71.5 万平方千米，恢复野生动物栖息地 38.3 万平方千米；建立湿地可持续利用示范区 23 处，实施生态移民 1 万多人。

（三）加大湿地保护投入

1. 加快湿地保护制度建设

应加快国家层面湿地保护立法进程，制定地方湿地保护条例，创造有利于湿地资源保护的法制条件，将湿地保护纳入法治化轨道。我国湿地保护管理的法律法规不完善，还没有专门的法律法规，地方也没有出台关于湿地保护与利用的专门条例。相关法律法规中有关湿地保护的条款比较分散，不成系统，无法可依或法条相互交叉，难以发挥作用。

2. 加大湿地资金投入

湿地保护是一项社会公益事业。湿地生态效益受益于全社会，建立湿地资金预算有利于形成长期稳定的资金投入机制，使湿地保护管理措施落到实处。

将湿地保护纳入国民经济发展规划，湿地保护资金纳入各级公共财政预算。同时，多层次广开募资渠道，争取各方面的投资、捐赠和国际合作资金，加大湿地资金投入。完善基础设施建设，配备监测、救护、巡护、防火等设备，使湿地保护工作能够长期稳定的正常运转。

3. 理顺关系，协调管理，区域联动共同保护湿地资源

湿地作为生态系统包含许多资源，如林业、农业、渔业、牧业等分属不同的部门管理。

湿地保护管理体系牵扯面广，在湿地利用方面由多部门管理，在湿地保护方面没有具体的部门监管，这就造成对湿地保护缺乏综合协调管理和监督机制。

如何协调各个部门的关系，关系到湿地资源保护事业的兴衰成败。我国加入《湿地公约》后，明确由林业部门带头负责湿地管理工作。为此，各级林业主管部门应认真负责，协调与加强各部门之间的联系，努力在湿地保护上达成共识，采取协调一致、多管齐下的保护行动。一部分湿地资源跨越了多个国家和地区，因此，区域联动、通力协作就成为保护湿地的必然选择。

4. 建立湿地生态补偿机制，实施湿地保护修复重大工程

（1）综合治理湿地，加强水源地保护和流域综合治理。在河流源头区域及重要湿地区域开展植被保护和恢复措施，防止水土流失，加强湿地自然保护区建设。

（2）利用水利工程尝试性地开展湿地恢复的示范，加强该区域湿地水资源保护和合理利用。通过还湖、还泽、还滩等措施，改善湿地生态环境状况，使该区域丰富的生物多样性得到有效保护。水资源协调规划包括水资源供需平衡与分析，规划提出维系湿地公园水平衡的对策与措施，为湿地公园合理利用水资源提供依据。

（四）加大宣传力度

湿地保护宣传力度小，公众尚未形成自觉保护湿地的意识。湿地保护是一项新兴事业，对湿地保护的宣传力度还不够，公众对湿地的价值和重要性缺乏具体认知。湿地保护和合理利用宣传教育滞后，公众尚未形成自觉保护湿地的意识，不能正确处理眼前利益和长远利益的关系，重开发轻保护的现象严重。

为了提高全社会全民湿地保护意识，有关部门开展了多种形式的宣传教育活动，大力宣传湿地的功能效益和湿地保护的重要意义。利用"世界湿地日""爱鸟周"和"野生动物保护月"等节日，积极组织开展宣传活动，并编辑和出版大量的宣传保护湿地的书籍、画册、电影以及录像片，收到了良好的宣传教育效果，促进了全民湿地保护意识的提高。

各级政府日渐重视，民众保护意识普遍高涨，使湿地保护成为实实在在的自觉行为：在北京，各界人士为保护首都的最后一块原始湿地而奔走呼吁；在上海，此前名不见经传的九段沙如今吸引了无数热切的目光；在青藏铁路的建设工地上，工人们把草皮移植到铁路边上，建设人工湿地。沼泽、滩涂、池塘、芦苇荡、湿草甸、红树林以及珊瑚礁等湿地曾长期被无视，如今焕发出夺目的光彩，成为被精心呵护的对象。一度轰轰烈烈的围湖造田运动在反思中渐失"伟大"的意义，被大规模的退田还湖运动取而代之。

第三节　淡水生态系统

为了解淡水生态系统的现状、变化及其演变趋势，研究人员结合淡水生态系统监测评价的原则、理论和方法，从不同层次即种类、种群、群落和生态系统，提出了由结构指标、功能指标、稳定性指标构成的淡水生态系统监测评价指标体系。

随着时代的进步与发展，人类对水资源的认识逐渐深入，水资源管理的全面性和科学性也在不断提高。水资源是指水量，主要基于水旱灾害防御，监测掌握水量、水位变化情况。实际上，江河湖泊的水资源不是一团死水，它孕育了丰富多样的水生生物，尤其是特有、珍稀水生生物，是具有生命活动的淡水生态系统。但受人类开发利用（筑坝、引水、围湖造田、渔业过度捕捞）及污染等影响，水域富营养化、藻类水华、珍稀特有物种濒危或消失、生物入侵以及生物多样性下降等水生态问题逐渐突出，水生态系统服务功能退化，影响到了水生态系统健康和安全，给人类经济社会可持续发展带来威胁。在必须重视水生态系统（水生态）的状况下，水资源由此被赋予了水生态系统内涵，用以监测了解水生态系统状况。因此，淡水生态系统监测是水资源管理发展的历史必然。

一、淡水生态系统概述

淡水生态系统由水生生物和非生物环境构成。水生生物主要有水细菌、浮游植物、浮游动物、底栖动物、着生生物、水生维管束植物、鱼类及其他水生动物等。非生物环境或生境主要包括水质（水体物理和化学性状）、水文情势（既包括流量、水量，也包括水文过程流量、频率、持续时间、时机和变化率等）、河流地貌（纵向为河流蜿蜒性，横向为几何形状多样性，垂向为水体渗透性）、流态（水力学条件）。

在淡水生态系统中，各种水生生物群落与非生物环境、不同群落生物之间通过食物链和食物网相互作用，经过长期演变构成一个有机整体，使得物质循环和能量流动在水生态系统中有序进行。在受外界干扰的情况下，水生态系统也有一定的自身调节能力来保持动态平衡，具有相应的活力、组织结构和恢复力。

淡水生态系统是生物圈物质循环的主要通道之一。很多营养盐及污染物在其中进行迁移和降解。初级生产者通过光合作用，利用太阳能将二氧化碳等无机物转化为有机物，为人类社会的生存和发展提供食品和原材料，这是其生态系统服务功能的最基本方面。没有光合作用这项生态系统服务，就没有人类社会的生存和发展。淡水生态系统服务功能是指对人类生存及生活质量有贡献的生态系统产品和生态系统功能，主要体现在两个方面：一是生态系统服务功能，如气候调节、旱涝灾害调蓄、水质净化、空气质量改善、生物多样性维持及进化过程、物种遗传基因库；二是生态系统产品功能，即提供产品服务功能，包括食物、工农业及生活用水、水能、各种原材料、航运交通、运动娱乐、旅游休闲。这两种功能是人类生存和社会发展的基础。

淡水生态系统的影响因素包括自然、人为和社会因素。自然因素如地壳变化、气候变化、极端气候、土壤侵蚀、水土流失、泥沙运动与淤积、河床冲蚀、地震、山体滑坡、飓风、大洪水、火灾；人为因素如工农业和生活供水、防洪、农业、水电、航运、渔业、养殖、林业、牧业、旅游、水体、土地和大气污染、超量取水、毁林、围垦、城市化、水土流失、荒漠化、生物入侵以及鱼类过度捕捞；社会因素如立法、政策、管理、投资以及规划等。这三种因素对淡水生态系统产生了不同程度的影响。

二、淡水生态系统监测评价现状

（一）监测评价工作

广义上，监测评价工作中涉及淡水生态系统非生物环境（或生境）、水生生物和服务功能的监测均属于淡水生态系统（水生态）监测。非生物环境除水量和水位有专门水文监测外，大量的监测工作是水质监测（水体理化状况），对其他非生物环境和服务功能尚未或极少监测。水质监测主要反映水体达标或污染情况，不足以反映淡水生态系统状况。

根据不同的目的和任务，涉及水生生物的监测主要有研究性监测、行业管理监测、建设项目环境影响评价监测等。中国生态系统研究网络建有东湖和太湖2个湖泊生态系统试验站，这两个试验站是我国淡水生态系统监测和生态环境研究基地，也是全球生态环境变化监测网络的重要组成部分。中国湿地生态系统野外站联盟于2013年成立，由21个野外湿地生态系统研究台站组成，通过制定统一的野外监测指标体系、技术标准和规范，开展长期湿地生态系统结构与功能的研究。生态环境、农业农村和水利等部门开展了行业管理监测，如重要渔业水域生态环境监测，长江江豚生态科学考察，中华鲟自然繁殖调查监测，湖泊、水库富营养化监测和水生态监测，三峡水库促进"四大家鱼"自然繁殖的生态调度试验及监测等。国务院原三峡办自1996年起组织实施了三峡工程生态与环境监测，在蓄水前后对工程建设和运行可能引起的生态环境问题进行跟踪监测并及时预警，为三峡工程建设过程中的生态与环境管理以及决策提供科学依据，并为三峡工程建成后的环境影响回顾性评价积累数据。由于各类监测目的和任务不同，监测评价指标范围、同类指标数量及其参数各有不同，即使是水生生物指标，监测的类别及其参数也不完全一样。

（二）监测评价指标

从水环境监测、渔业资源调查、水质监测、湖泊富营养化调查、湖泊水环境质量演变、鱼类监测、微型生物监测等方面提出了涉及淡水生态系统不同方面、各有特色的调查与监测指标，但其结果不足以全面反映水生态系统的状况。

研究人员针对淡水生态系统服务评价和健康评价的研究提出了指示种法、结构功能指标法、预测模型法、生物完整性指数法和赋分法等不同的评价方法。评价指标范围和内容差别较大，范围最广，包括水文水资源、水环境、水生生物、生境以及水资源开发利用等各方面。生物完整性指数法被逐步运用到河流、湖泊和水库水生态系统的健康评价中，包括水细菌、着生藻类、浮游植物、底栖动物、鱼类等生物完整性指数。淡水生态系统服务评价和健康评价与淡水生态系统监测评价不完全相同，其评价指标不完全适用于淡水生态系统监测评价要求，因此，需要建立淡水生态系统监测评价指标体系。

三、淡水生态系统监测评价原则、理论和方法

（一）监测评价原则

淡水生态系统监测以了解、掌握水生态系统状况及其变化、演变趋势，为水生态系统保护和修复提供科学依据为目的。监测评价需遵循以下原则。

1. 突出重点

由于淡水生态系统的复杂性和广泛性，如果对淡水生态系统中水生生物、非生物环境和服务功能进行全面监测，不仅会耗费大量人力、物力和财力，还会降低监测评价的效率和效益。水生生物是实现淡水生态系统物质循环和能量流动的唯一载体，是体现淡水生态系统结构、功能的最本质生物。各种自然、人为、社会等因素对水生态系统的干扰，最终会通过水生生物变化综合体现出来。淡水生态系统监测不能缺少水生生物，也可以说水生生物是淡水生态系统监测最重要的方面，故应选择水生生物作为监测评价对象。

2. 系统全面

淡水生态系统的结构和功能及维持自身动态平衡是实现其各项服务功能价值的基础，应以淡水生态系统最基本的结构、功能和稳定性（或恢复力和抵抗力）为主线，从简单到复杂，对水生生物的种类、种群、群落以及生态系统等不同层次进行监测，全面系统地反映淡水生态系统状况、变化及演变趋势。

3. 准确先进

依据有关淡水生态学理论，运用经典及先进成熟的淡水生态学技术方法、研究成果，取得真实准确的各项监测和分析数据。

4. 简便高效

以服务水资源管理和水生态保护与修复为目的，各项监测指标样品应易取得，检测技术操作应相对简单、方便，获取指标的成本应较低。

（二）生态学理论

1. 生态位

生态位指物种在生物群落中的地位和"角色"。某种生物的生态位是在所有生物和非生物环境中，该种生物生存的范围。不同水生生物占据其特定的生态位。

2. 物种多样性

物种多样性指群落中物种数目的多少。群落中多个物种共存是普遍性状，构成群落物

种多样性。

3. 强关联种和关键种

一个物种的移除，若能显著影响（导致灭绝或密度上较大变化）至少一个其他物种，则认为此物种是强关联种。移除某些强关联种会导致整个食物网的显著变化，这样的强关联种叫作关键种。

4.r-k 选择

指水生生物进化过程中对环境的适应。k 选择者代表那些出生率低、寿命长、个体大、存活率高、种群密度比较稳定的水生生物，r 选择者则代表出生率高、寿命短、个体小、存活率低、种群密度很不稳定的水生生物。

5. 食物链和食物网

绿色植物所提供的食物通过生物的摄食和被摄食而相继传递的特定线路称之为食物链。每一条食物链通常由 2 ～ 5 个环节组成，所有的食物链相互交联形成食物网。

6. 百分之十定律

生态系统中能量沿食物链逐级传递，每经过一次传递大约有 80% ～ 90% 的能量损失，按 10% ～ 20% 的效率传递到食物链下一级。

7. 营养级联效应

捕食者减少其猎物的多度，进而向下影响到更低的营养级，即造成猎物自身资源的丰富度增加，此时就发生了营养级联效应。

8. 稳定性

在一定时间内，生态系统中各生物成分之间、生物群落与环境之间以及结构与功能之间的相互关系处于相对稳定和协调状态，即使在受到一定强度的外界干扰下，也能通过自我调节恢复稳定状态，即"生态平衡"。生态系统从一种平衡状态发展到另一种新的平衡状态即为生态系统演替或生态系统发育。生态系统演替（发育）一般由简单到复杂，其中生产者、消费者构成越复杂，生态系统越稳定。

9. 物质循环与能量流动

淡水生态系统是一个开放系统，水生生物与环境、不同水生生物之间，通过食物链和食物网进行物质转化和能量传递。

（三）监测评价方法

1. 层次法

从简单到复杂，分别从物种、种群、群落和生态系统等不同水平层次，从淡水生态系统结构、功能及其稳定性（或恢复力和抵抗力）三个方面，对淡水生态系统进行监测评价。

2. 对比法

将监测评价指标的实测值与已有历史数据、标准值或对照值进行比较评价。

3.指数法

对于水生生物群落，采用多样性指数和生物完整性指数进行监测评价。

4.模型法

运用 Ecopath 模型，对淡水生态系统进行分析评价。Ecopath 模型是根据营养动力学原理，在水生态系统食物网结构的基础上对能量流动进行描述的生态系统营养平衡模型。它可定量评估能量在生态系统各组成成分之间的流动，深入研究生态系统的特征和相互关系。许多生态和渔业学家认为该模型软件是研究水生态系统的核心工具。自我国第一次运用 Ecopath 模型对太湖淡水生态系统进行研究以来，该模型已被逐步运用到了淡水生态系统的各种研究中。

5.定量法

所有监测评价指标均实现定量评价。

四、淡水生态系统监测评价指标体系

针对目前淡水生态系统监测评价指标不全面、不系统、重点不突出的问题，研究人员以水生生物作为监测对象，从种类、种群、群落和生态系统的不同层次，提出了由结构指标、功能指标和稳定性指标构建的监测评价指标体系。

（一）淡水生态系统结构指标

淡水生态系统结构是实现其各项功能的基础，水生生物则是淡水生态系统结构最重要的方面，应从简单到复杂在不同水平层次对其进行监测。

1.种类（指示种类）

经过长期的自然演化，不同淡水生态系统形成了特定的水生生物种类，并与环境形成了相对稳定状态。不同种类对外界干扰的响应不同，这可作为淡水生态系统的指示种类。

选择其生态位不仅具有代表性还具有指示作用的种类作为指示种类，包括关键物种、指示物种、特有物种、珍稀物种、濒危物种、环境敏感物种和长寿命物种等。监测主要对象是鱼类，它们通常个体较大、处于食物链较高级或顶级，通过监测这些物种是否出现来确定水生态受干扰情况。

还有一些指示种类，对水体污染具有敏感性或较高耐受力，能指示水体受污染程度。其个体小、生命周期短，处于食物链初级或低级，对水环境变化反应比其他水生生物类群更及时。这些种类主要是浮游植物、硅藻、原生动物、底栖动物，通过监测这些物种是否出现可以了解水生态受污染情况。

2.种群

种群是淡水生态系统中由同一物种的若干个体组成的群体，其规模（种群密度或数量）大小由 r-k 选择决定。通过不同指示物种的种群规模可进一步确定外界干扰对淡水生态系统产生的影响程度，主要指标为种群密度或数量及其在水生生物群落中的优势度；对于鱼类等个体较大、处于食物链较高级或顶级的物种，还包括种群生物学指标，如年龄结构、生长及繁殖生物学等，可根据监测值反映水生态受干扰或受污染程度。

对于关键物种、特有物种、珍稀物种、濒危物种等指示物种而言，其种群生物学指标如数量稳定或增加表明水生态系统处于自然演替过程或水生态系统未受到干扰或得到相应改善，为正向指示物种。而那些对水体污染具有敏感性或较高耐受力的指示物种，其种群数量增加表明水生态系统受到相应的污染，为反向指示物种。

3. 群落

群落是在一个特定的地区或生境中由多个种群共同组成的、具有一定秩序的集合体，如浮游生物群落、底栖动物群落和鱼类群落等。群落中种间关系错综复杂，但具有共同的结构和规律，如物种多样性、群落演替等。通过以下指标可监测群落现状及变化：

（1）物种多样性。通过调查全部的物种数目如鱼类种类，并与历史相比，反映淡水生态系统物种的变化。若要获得全面的物种数目，需要进行多次、长期的调查。

（2）物种组成。物种组成包括种类组成特点、优势种。

（3）多样性指数。多样性指数既包含群落的物种数目，又包含各种类个体数量（密度），常用的多样性指数有 Shannon-Wiener 多样性指数、Pielou 均匀度指数、Margalef 多样性指数等。

（4）生物完整性指数。生物完整性指数指一个地区的天然栖息地中的群落所具有的种类组成、多样性和功能结构特征，以及该群落所具有的维持自身平衡、保持结构完整和适应环境变化的能力。根据"一个良好的水域生态环境，必然存在一个完善的生物群落结构"，可以通过筛选出反映水域生态系统中的生物群落的种类组成、营养结构和个体健康状况等方面特征指标，进行量化后得到生物完整性指数。

4. 生态系统

生态系统是指生物群落与非生物环境相互作用，通过物质和能量流共同构成的生物 - 环境统一体。生物群落由生产者、多级消费（初级、次级、顶级）等构成，它们在食物链（牧食链、腐屑链）中处于不同营养级，营养级数目的多少代表生态系统能流或物流路径的长短。运用 Ecopath 模型分析淡水生态系统中营养级数及其构成特点，根据模型分析值可以了解生态系统能流或物流路径现状及变化。

（二）淡水生态系统功能指标

物质循环和能量流动是生态系统最基本的功能，主要对物质循环和能量流动的状态、特征（效率）和大小等进行监测。

1. 活力

活力表示生态系统的功能，反映生态系统物质循环和能量流动状况。这一情况可根据新陈代谢或初级生产力等来测量。主要指标有：①光合效率；② P/R 比率（初级生产速度 / 呼吸速度）；③群落同化作用等级，如纯初级生产量 / 叶绿素 a；④ ZB/PB（浮游动物生物量/浮游植物生物量）；⑤关键鱼类、指示鱼类、特有鱼类、珍稀濒危鱼类、长寿命鱼类和主要经济鱼类（或食浮游植物鱼类、食浮游动物鱼类、食着生藻类鱼类、食底栖动物鱼类、食鱼性鱼类等）的生长速度、生长率、生长比速、生长常数、生长指标、体长与体重关系、丰满度系数、生产力等；⑥营养物质循环速度等。

2. 物质循环和能量流动特征

可运用 Ecopath 模型，分析监测水域营养物质和能量在水生态系统物质循环和能流主要特征（效率），主要指标有：初级生产构成；营养级的流通量；循环流量（重新进入再循环的营养流总量）；各营养级之间流动传输效率等。

3. 生物生产力（生产量）

生物生产力是生态系统物质循环和能量流动的综合体现，是水生态系统通过初级生产提供各种产品的能力（大小）。主要指标包括：总初级生产力；浮游植物初级生产力；总生物量；总的或主要经济鱼类的资源量（或渔业产量、单位捕捞努力量渔获量）等。

（三）淡水生态系统稳定性指标

生态系统在受到干扰后及时恢复并维持稳定是保障其服务功能的基础。淡水生态系统的稳定性与其发育阶段密切相关。随着生态系统不断发育直到成熟阶段（演替顶级），其稳定性不断增加，抵抗外来干扰能力越来越强，表征生态系统发育阶段指标可以间接反映淡水生态系统的稳定性。同时，淡水生态系统发育还可以通过水生生物群落表现出来，水生生物群落的稳定性（群落恢复力）也可以间接反映淡水生态系统的稳定性。因此，通过生态系统发育程度和群落恢复力进行监测是一种有效的手段。

1. 生态系统发育程度（演替阶段）

生态系统的发育（生态演替）是指一定区域内连续进行的前一群落被后一群落替代的变化和发展过程，就像生物有机体一样具有从幼期逐步发展到成熟期的过程。生态系统发育（演替）一般表现为由简单到复杂、由低级到高级不断发展。其中生产者、消费者构成越复杂，生态系统就越稳定。在这个过程中，不同阶段的群落有不同的结构和功能特征。因此，可以用群落结构和功能特征表征生态系统发育程度。

表征生态系统发育程度的指标较多，主要指标有：物种多样性增高；生物由 r 型种占优势过渡到 k 型种占优势；生物与环境之间营养物质交换的速度变慢；碎屑在营养物再循环中的作用更重要；毛产量/群落呼吸量（P/R）更接近于 1；毛产量/现存量（P/B）变低；净群落生产量（产量）变低等指标。

2. 群落恢复力（恢复程度）

水生生物群落稳定性可分为恢复力和抵抗力。恢复力描述了一个群落受到干扰并被改变状态后回到它原初状态的速度；抵抗力描述了群落避免在原初位置被改变的能力。可根据群落结构和功能维持的程度和时间来测度，维持的程度越高，恢复力越强，维持其稳定的能力越大。

指示物种的恢复能力可间接使人们了解到生态系统受胁迫时群落的恢复能力。主要通过淡水生态系统中处于较高营养级的鱼类即关键鱼类、指示鱼类、特有鱼类、珍稀濒危鱼类、长寿命鱼类和主要经济鱼类（或食浮游植物鱼类、食浮游动物鱼类、食着生藻类鱼类、食底栖动物鱼类、食鱼性鱼类等）的繁殖力（鱼卵量）、出生率（鱼苗发生量、早期资源）、补充种群特征（不同年龄结构特点）、种群数量等指标，监测各种群恢复力（恢复程度）的现状及变化。

在对各指标监测值与历史资料、标准值或对照值进行比较评价时，其差距大小各有不同，需要对各指标差距大小进行分级并赋分，以准确评价其差距程度。在对生态系统结构、功能和稳定性进行单独评价时，需要分别确定生态系统结构、功能和稳定性的各项指标权重。在对淡水生态系统进行综合评价时，需要确定生态系统结构、功能和稳定性的权重。为满足当前水生态监测评价工作的需求，应尽早建立淡水生态系统监测评价规程、规范或标准。

第四节　海洋生态系统

面对资源约束趋紧、环境污染严重、生态系统退化等多重严峻考验，海洋无疑成为经济持续稳定发展的新动力。我国是世界海洋大国，拥有 300 多万平方千米的管辖海域，海洋经济生产总值呈现快速增长态势，在国民生产中的贡献率已达 10% 左右。然而，过度开发、无序开发导致海洋特别是近海背负多重压力的叠加影响，导致海洋生态系统受损严重，海洋可持续发展能力降低。

向海而兴，背海而衰。海洋发展应该遵循绿色发展理念，注重海洋开发利用过程中的系统性、科学性和持续性。要整体评估海洋系统的产出和损失，改变过去高污染、粗放式的发展模式，扭转以往短期高速发展而长期停滞不前的局面。为此，基于海洋生态系统原则建立绿色发展理念显得尤为重要。要根据我国海洋开发的特点，增强国民海洋意识、统筹协调管理、科学规划布局和依法治理海洋，以创新引领方式构建区域差异化、特色化发展格局。

一、认识海洋，推进海洋可持续发展

习近平在中共中央政治局第八次集体学习时强调，要把海洋生态文明建设纳入海洋开发总布局之中，坚持开发和保护并重、污染防治和生态修复并举，科学合理开发利用海洋资源，维护海洋自然再生产能力。可见，构建海洋绿色发展模式，实现海洋可持续发展，对美丽中国的实现具有重大意义。

（一）海洋的主要属性

认识海洋的属性对构建海洋绿色发展模式的意义不言而喻。海洋的绿色发展是指可持续发展的海洋经济，属于绿色经济范畴。构建海洋绿色发展模式，才能持续稳定地发挥海洋在经济新常态中的支撑作用。绿色发展更注重海洋开发利用过程中的系统性、科学性和持续性，强调整体评估海洋系统的产出和损失，而评估的主要标准是海洋生态系统。

基于海洋生态系统原则的绿色发展理念必须建立在海洋的基本属性之上，即考虑海洋的流动性、连通性和系统性。其中，海洋的流动性是指海洋内部、海洋与大气、生物和岩石圈层之间存在广泛的物质和能量交换。近海与大洋之间存在广泛的物质（营养盐、溶解氧、碳等）和能量交换（热量、动量）；近海与陆地流域之间通过河流紧密相连；近海与陆地之间存在的湿地是连接两者的缓冲区。这些都是构建海洋绿色发展模式必不可少的要素。

（二）海洋生态系统原则

1935 年，英国生态学家坦斯利提出了生态系统概念。海洋生态系统是海洋中由生物群落及其环境（水、气、生物和岩石）相互作用所构成的自然系统。海洋生态系统原则指的是在发展过程中降低环境风险和生态损失，使得海洋可以长期持续利用的理念、思想和规则。

全球海洋特别是近海海洋，资源开发利用的区域重叠强度过高，给海洋生态系统造成了巨大压力。海洋的压力也来自陆地，比如流域内开荒种植所剩的肥料被冲刷后流入河流，城市工业和生活废水与垃圾也汇入大海，最终影响和破坏了海洋生态系统。因此，开发何种海洋资源，开发到什么程度，需要有一个度，这个度就是基于海洋生态系统原则的整体科学评估。

（三）绿色发展共同准则

党的十八大报告中首次提出"海洋强国"战略以后，我国颁布了首个以海洋经济为主题的国家战略性区域规划，积极探索我国海洋经济科学发展的新路径。国务院先批准建设了 13 个国家级新区，之后又批准建设沿海天津滨海新区等 10 个经济示范区。我国海洋经济发展"十三五"提出，在"十三五"期间建设 10 到 20 个海洋经济示范区。

21 世纪，人类进入了大规模开发利用海洋的时期。我国的海洋发展模式将对全球发展中国家的海洋资源开发利用产生重大影响。我国目前推动的"21 世纪海上丝绸之路"倡议吸引了沿线 20 多个国家的关注。从国内外海洋发展经验来看，"海上丝绸之路"沿线发展中国家也存在海洋生态环境可持续发展和科学利用的迫切需求，而如何建立海洋经济可持续发展模式是我国和"海上丝绸之路"沿线国家共同需要面临的挑战。由于海洋发展引起的生态环境问题较为相似，海洋污染（如核辐射）具有流通性等特点，海洋可持续发展也需要区域协调和全球视野下的共同治理。因此，绿色发展理念可以成为全球海洋发展的共同准则。

二、开拓思维，增强国民海洋意识

海洋占了地球表面积的 71%，海洋中的生物资源占地球的 80%，海洋能提供的食物资源大约是陆地的 1 000 倍，目前仅有 2% 左右得到开发。因此，海洋是潜力巨大的资源聚宝盆，是未来社会发展的动力之源，也是强国之路的有力支撑。根据海洋开发与海洋能提供的资源、能源特点，从区域上可以划分为大洋和近海两个方面。大洋主要是陆坡以外的深海，一般水深超过 200 米。近海则是海岸线至陆坡的范围，一般水深小于 200 米。深海油气资源丰富，在南海、墨西哥湾等海域已经被开发利用。大洋海底的矿产资源丰富，包含天然气水合物、多金属结核等，是未来经济发展的资源宝库。而净化、淡化后的海水也是一种新的资源，被广泛用于海岛和沿海地区，未来有可能用于内地城市。大洋也为国家安全环境提供了保障。近海提供港口与码头，是海运的起点和终点。海洋航运竞争力凸显，国际上低成本的大规模运输主要通过海运进行，如石油、矿产等。此外，近海也为城市和港口发展提供空间，如我国每年的围、填海面积超过 500 平方千米。近海还是养殖、捕捞的主要场所，也是防备风暴潮、台风、海啸等海洋灾害缓冲地带。这些都是使人们认识海洋、增强海洋意识的重要部分。

海洋意识，是指人们对涉海相关国防、生产、消费、科技、资源、历史等方面的性质、规律和作用的反映和认识。提高国民海洋意识，一定要走出误区，防止把片面的海洋误解为系统的海洋。海洋意识包括海洋生态意识、海洋科技意识、海洋战略意识和海洋环境意识。更重要的是，在思维中要把海洋与陆地联系起来，把海洋与大气联系起来，把海洋与海底联系起来，海洋是一个连通的综合体。

国民海洋意识的强弱会直接影响国家海洋事业的发展程度。海洋意识是从海洋贸易发端的，而陆地思维往往重视农耕，轻视商贸。从陆地走向海洋是思维开拓的表现，海洋意识是一种更加开放的意识。以英国为例，作为一个海岛国家，其土地、资源有限，但在海洋商船来往过程中，英国发现了海上贸易这个源源不竭的财富来源，于是商人、政府之间达成了共识，形成了各种形式的联合体，并把海洋意识转化为国家意志，而后成为海洋大国。

全国各省级行政区居民的海洋意识发展指数平均得分仅 60 分，大约 2/3 的省份在 60 分以下。多数国民把海洋等同于搞海洋水产养殖及其相关研究，实际上，海洋提供了非常丰富的生态系统产品与服务，如为旅游者、潜水者提供休闲娱乐的环境，为贸易提供便利的航运；同时海洋及海岸线植物所提供的碳汇功能，为减缓气候变化作出了卓越贡献。《全民海洋意识宣传教育和文化建设"十三五"规划》明确提出，国家海洋战略必须扎根在国民对海洋的认识中，要扭转很大一部分人对我国 300 万平方千米海域管辖缺乏基本概念的现状。

海洋意识的推广，需要政府、团体、学校、媒体的共同努力。政府机构以及提供财政支持的机构要及时把与海洋有关的信息传递给民众，开放有关海洋的教育、科研和信息资源，给民众普及海洋的法律法规。"十年树木，百年树人"，提升国民海洋意识，应该成为国民教育的重大战略。国民海洋意识增强，才能充分利用海洋，才能实现全民共同监督海洋的开发，才能使人们把海洋绿色发展的理念内化于心、外化于行。

三、统筹管理，提高监管协调级别

无论是大洋还是近海，经济要实现可持续发展，就需要进行科学、系统的管理。

（一）陆海统筹

党的十九大报告明确提出，"实施区域协调发展战略，坚持陆海统筹，加快建设海洋强国。"可见，陆海统筹在实现海洋科学系统管理和可持续发展方面的重要性。

影响海洋生态系统的水、沙、污染物不仅来自沿海地区，还可能来自河流流域所在的省市。例如，流入渤海的黄河，中下游含沙量较大，成为黄海三角洲不断变化的主要因素。早年黄河某些时期发生断流，主要是流域周边省市生产生活需求过大。以长江为例，长江污染物和泥沙在很大程度上影响浙江沿海，如果单靠浙江省境内水污染的防治措施，不足以改变浙江沿海水质。因此，必须全国上下一条心，坚持陆海统筹，共同谋取海洋的绿色发展。

（二）部门协调

海洋绿色发展需要部门联合协调，解决不同涉海管理部门之间的冲突，以及涉海的事权等问题。

我国海洋管理体制中有环保部门、海洋部门、交通部门、渔业部门和部队五个管理部门，在涉海事务的管辖上难免存在重叠、界限不清晰等现象。而各部门都有自己下属的涉海研究机构，都在进行一定程度的海上监测和科学研究，造成工作内容有所重复，如生态监测工作方面的人员和装备在好几个部门都配备了一遍；出海监测的任务都分别做一遍，尽管具体采样点不同，但基本都集中在近海。与此同时，由于海洋时空变化的复杂性，不同时间、空间获得的样品得到的结果可能会有较大差异，导致不同机构之间的数据彼此冲突。这些现象导致海洋调研工作的准确性、公正性产生偏差，也成为海洋事务管理变得复杂的因素之一。

总体上，我国对海洋与海洋生态文明建设的资金投入很高，但实际投入于海洋生态系统监测、预测、研究和保护的资金并不多。重复性的工作多，有用的少；调查研究主观的多，客观的少；生态环境问题强调的多，解决的少。因此，有必要在不同部门之间高度协调，在顶层管理上划归统一部门；在具体调查研究与科研支撑方面，保留有一定竞争力的事业机构。

（三）政绩考核

保护海洋生态系统，引领海洋绿色发展，关键要改变原有的 GDP 思路，建立一套长效考评机制。

对此，要改变过去单纯以 GDP 数量当作考核官员业绩的做法，在涉海地区把生态补偿、生态损失纳入绿色 GDP 核算范围。与此同时，海洋生态系统的损坏往往需要经过较长时间之后才得以显现，海洋生态系统整体性的损失到了一定的时期才能凸显。为了恰当地评估海洋生态系统的变化与未来发展趋势，必须扩大政绩考核的时空范围，如将原来任职期限内的考核延长到其离职之后的 5 至 10 年。

四、科学规划，远瞻布局注重生态

海洋管理的科学支撑在近海主要是海洋生态功能区划。

海洋生态功能区划必须考虑我国海洋的气候特点。我国管辖海域的一大特点是南北跨度大，不同的气候和地理决定了我国管辖海域的生态系统具有独特的海洋属性和较大的地区差异。同时，沿海不同省市的海洋发展重点、发展程度也不同。有重点发展海洋金融的，有发展海洋港口经济的，也有一些地区更适合保持青山、绿水和靓丽的海岛、沙滩。这些因素共同决定了在开发利用海洋的过程中需要采取分区规划、合理布局的措施。

党的十八届五中全会通过了《中共中央关于制定国民经济和社会发展第十三个五年规划的建议》（以下简称《建议》），《建议》提出："坚持陆海统筹，壮大海洋经济，科学开发海洋资源，保护海洋生态环境，维护我国海洋权益，建设海洋强国。"全国先后设立了各类海洋生态文明建设示范区和海洋保护区，但示范区、保护区把海洋划分为彼此分割的条块，空间上不具有连续性，不符合海洋生物生活史不断变化的空间区域特点。因此，小块的、分割的保护区在保护海洋生态的效率方面还需要更深、更全的评估。各省市地区还需要结合实际情况，实现有针对性的海洋生态功能区发展规划。

与此同时，根据科学评估需求，要树立适度、合理利用海洋资源的绿色发展理念。科学全面地评估全国海湾、河口、海岛、盐沼、滩涂、潟湖、海草床、红树林、珊瑚礁等众多类型的海洋生态系统，了解我国海洋生态系统的总体情况，制定量化的评估标准，明确我国海洋生态系统的总体服务和支撑价值。

总之，基于海洋生态系统原则树立海洋发展的绿色理念，是海洋生态文明建设第一步，也是最重要的一步。它是提高海洋可持续发展水平的关键和基础。因此，必须转变观念，将生态损害成本纳入海洋 GDP 核算，加强用海生态管理，制定生态用海标准，规范生态用海审查。

第三章 生态修复与保护

第一节 生态修复概述

一、生态修复机理

生态修复是在生态学原理的指导下，以生物修复为基础，结合各种物理修复、化学修复以及工程技术措施，通过优化组合，使之达到最佳效果和最低耗费的一种综合的修复污染环境的方法。生态修复的顺利施行，需要生态学、物理学、化学、植物学、微生物学、分子生物学、栽培学和环境工程等多种学科的参与。对受损生态系统的修复与维护涉及生态稳定性、生态可塑性及稳态转化等多种生态学理论。

受损生态系统是指生态系统的结构和功能在自然干扰、人为干扰或两者的共同作用下，发生了位移（改变），打破了生态系统原有的平衡状态，使系统的结构和功能发生变化和障碍，并发生了生态系统的逆向演替。受损生态系统的基本特征包括：物种多样性的变化；生产力下降，系统结构简单化；食物网破裂；能量流动效率降低；物质循环不畅或受阻；其他服务功能减弱；系统稳定性降低等。

人类进行生态修复是非常必要和重要的，原因有以下几点：资源的需要。需要增加作物产量满足人类需要；环境变化的需要。人类活动已对地球的大气循环和能量流动产生了严重的影响；维持地球景观及物种多样性的需要。生物多样性依赖于人类保护和恢复生态环境；经济发展的需要。土地退化限制了国民经济的发展。

生态修复就是根据生物群落演替的基本规律来进行修复。首先考虑对生态系统最基本功能的修复，然后再进一步完善物种组成及结构。因此，"优先性"是受损生态系统修复时应该考虑的重要问题。生态修复过程中要充分考虑以下几方面：现有湿地与湖泊生态系统的保存与保持；恢复生态系统的完整性；恢复生态系统合理的结构、高效的功能和协调关系；兼顾流域内的生态景观工程与修复；自然调整与生物工程技术相结合。

二、生态修复的三个层次

在对退化生态系统进行生态修复时，不同的层次上生态修复的内涵各有不同，以下将从物种、种群、景观三个层次进行讨论。

（一）物种层次

长期以来，现代生态修复受到遗传学和进化论思想的影响。20世纪70年代，布拉德肖和他的同事们在对工业贫瘠地改造的研究中，最重要的工作都是以进化论和植物对金属的选择性吸收原理为基础的。在路边或一个适宜的地方创建一个物种丰富的牧场群落，首先要强调地方性品种和本地的自有资源。在北美，迈克尔·索尔和其他人的一系列文章中都阐述过遗传性保护基础理论，强调人口数量和物种破坏等问题。

（二）种群层次

在给定的运行规则下，修复必须使栖息地能处于自我维持的半自然状态。对于植物和动物群落而言，恢复的要求非常相似，恢复最终的产物必须是能自我维持的种群或群落。

1. 影响因素

（1）栖息地的损失与破碎。栖息地的破坏包括两方面的内容：栖息地损失和栖息地破碎。虽然破碎对种群的影响与对栖息地本身造成的影响是不同的，但因为它们经常一起发生，所以研究人员通常将它们一起考虑。把栖息地的损失和破碎区分开来，如果只发生栖息地的损失，那么斑块的规模将减小，但是数目没有减小；当栖息地发生破碎的时候，栖息地斑块的数量将会增加；当栖息地的损失和破碎同时发生的时候，才会产生栖息地斑块减小和独立性增强的现象。尽管如此，超过一个稳定数目的斑块在规模上的减小将必然增加斑块之间基体栖息地的数量，进而增加斑块的独立性，形成破碎化。

（2）小种群问题。由于种群统计的随机性、环境的随机性、杂合性的缺失、遗传上的变化趋势以及近亲繁殖等原因，小种群很容易灭绝。

①种群统计学的随机性。种群统计学的随机性来源于种群个体中出生率和死亡率变化的随机性。种群数量越小，个体变化对平均率的影响越大。小的种群数量增加了种群的敏感性，确实更容易灭绝。

②环境随机性。环境随机性指的是环境变动对种群数量统计规律产生的影响。环境影响可能是直接的（通过灾难比如水灾或火灾），也可能是间接的（例如气候年变化影响了植物）。一个给定规模的种群，环境变动产生影响的持续时间受环境变动的剧烈程度（Ve）影响，Ve即环境变动产生的r的变化，以r表示种群自身固有的增长率，r可由环境的变动来解释。当r（平均增长率）＞Ve时，持续的时间将随着种群规模的增加而增加。当Ve＞r时，对于一个给定的种群规模，持续时间的增加将趋向于零增长。

③杂合性的丧失。平均杂合性（H），是指在种群的一般个体中杂合的比例。由遗传偏差引起的杂合性下降，其速度是种群数量（N）的一个函数，种群的杂合性以每代

1／（2N）的速率下降，损失部分被突变速率所平衡。

④近亲繁殖造成机能下降。如果一个种群几代之后规模还很小，那么近亲之间的交配会将其引向灭绝。因为减少的杂合性使后代暴露在半致死隐性遗传等影响下，降低了生育力，增加了死亡率。这最终将使种群越来越小，呈持续螺旋趋势下降。但在某些情况下，近亲繁殖也可能不再成为一个问题，甚至可能某些基因从基因库中消失，还可以提高其健康水平。

（3）物种对栖息地毁坏的反应。提尔曼等人认为，种间相互作用和每一种的特征使得根据种群模型的预测变得复杂化。戴瑟姆给出了一个模型，在一个可以栖息但不适于居住的方形地中放置两个竞争种，分别为扩散能力弱的优势种和扩散能力强的劣势种。这一模型表明，在这样的搭配方式下，物种的扩散能力决定了它们对灭绝的抵制能力。在栖息地中等程度的毁坏条件下，扩散能力较好的物种在竞争中处于优势地位，可能在数量上迅速达到顶峰。实际上，栖息地毁坏的方式对两个物种的生存都有影响。随机的栖息地毁坏对种群的生存有着严重的影响。然而，如果对实验地进行有梯度的破坏，结果会出现一些小块种群密度比整体密度平均值高很多的区域，这样可能使局部地方物种生存或延迟灭绝。

2. 修复地点的确定

（1）边缘与中心种群。将目标放在具有历史分布的中心区域（最适宜的栖息地）还是放在周围的不规则栖息地上，可能会有不同的优点。分布于中心部分的种群和分布于边缘的种群有质的差别。分布于边缘的物种生存在异常的或不规则的环境中，自然选择和遗传学上的差异会促进边缘种群的变异。边缘种群往往不那么密集并且比较不稳定，因此人们推断它具有较高的灭绝可能性。因而从地理分布上看，一个正在退化的物种可能从分布的边缘向分布的中心退化。然而，实际上在有记载的31种陆栖爬行动物的退化过程中，其中74%是向其分布的边缘方向退化。考虑到遗传及形态上的变异，一般认为对于保护遗传多样性来说，边缘种群可能是很重要的，这种重要性与它们的大小和出现的频率似乎是不相称的，这给修复生态学家又增加了一个难题。

（2）地形联系。为了有益于动物物种，土地使用计划有四种明显的选择：扩大栖息地面积；提高现存栖息地的质量；降低对周围栖息地的人为干扰；促进自然栖息地之间的联系。

（三）景观层次

目前关于生态修复的绝大多数理论和方法研究都集中在个别区域（如采矿点等），但对于一些利用过度、管理不当等原因造成的景观功能削弱、景观结构改变的更广泛的区域，需要在更广的尺度，即景观的尺度上解决问题。景观尺度的生态修复学虽然日益受到重视，但目前还处于初始阶段。

人们对于景观和区域层次生态修复的重要性认识正在提高，并且景观层次项目的案例也开始增加。然而景观层次的生态修复仍处于早期阶段，还需要时间来评估它们的有效性，时间和空间尺度问题也还需要新颖和完整的方法来解决。通常仅有一种方法能用来评估不同情况，那就是依靠计算机模型，而设计重复的景观级的试验通常是不可能的，恢复设计还需有一定程度的适应性。

景观层次的修复通常还要考虑多种问题，如具体的生物物理、社会和经济现状等，同时要平衡保护和生产。为了使生态修复成功进行，恢复活动不仅需要有效的生态原理和信息，还需要经济可行并符合实际。

三、生态修复的特点

（一）严格遵循生态学原理

1. 循环再生原理

生态系统通过生物成分，一方面利用非生物成分不断地合成新的物质，一方面又把合成物质降解为原来的简单物质，并归还到非生物组分中。如此循环往复，进行着不停顿的新陈代谢作用。这样，生态系统中的物质和能量就进行着循环和再生的过程。生态修复利用环境—植物—微生物复合系统的物理、化学、生物学和生物化学特征对污染物中的水、肥资源加以利用，对可降解污染物进行净化，其主要目标就是使生态系统中的非循环组分成为可循环的过程，使物质的循环和再生的速度能够得以加大，最终使污染环境得以修复。

2. 和谐共存原理

在生态修复系统中，由于循环和再生的需要，各种修复植物与微生物种群之间、各种修复植物与动物种群之间、各种修复植物之间、各种微生物之间和生物与处理系统环境之间相互作用，和谐共存，修复植物给根系微生物提供生态位和适宜的营养条件，促进一些具有降解功能微生物的生长和繁殖，促使污染物中植物不能直接利用的那部分污染物转化或降解为植物可利用的成分，从而反过来又促进植物的生长和发育。

3. 整体优化原理

生态修复技术涉及点源控制、污染物阻隔、预处理工程、修复生物选择和修复后土壤及水的再利用等基本过程，它们环环相扣，相互不可缺少。因此，必须把生态修复系统看成是一个整体，对这些基本过程进行优化，从而达到充分发挥修复系统对污染物的净化功能和对水、肥资源的有效利用。

4. 区域分异原理

不同的地理区域，甚至同一地理区域的不同地段，由于气温、地质条件、土壤类型、水文过程以及植物、动物和微生物种群差异很大，导致污染物质在迁移、转化和降解等生态行为上具有明显的区域分异。在生态修复系统进行设计时，必须有区别地进行工艺与修复生物选择及结构配置和运行管理。

（二）影响因素多而复杂

生态修复主要是通过微生物和植物等的生命活动来完成的，影响生物生活的各种因素也将成为影响生态修复的重要因素，因此，生态修复也具有影响因素多而复杂的特点。

（三）多学科交叉

生态修复的顺利施行，需要生态学、物理学、化学、植物学、微生物学、分子生物学、栽培学和环境工程等多学科的参与，因此，多学科交叉也是生态修复的特点。

四、生态修复的意义与类型

不同的生态系统类型退化的表现是不一样的。由于生态修复是针对不同的退化生态系统进行的，所以生态修复类型繁多，主要类型如下：

（一）森林生态修复

森林作为陆地生态系统的主体和重要的可再生资源，在人类发展的历史中起着极为重要的作用。但由于人类的过度砍伐和不合理开发，导致森林生态系统出现了退化的现象。因而通过封山育林、退耕还林、林地改造等进行林地生态系统恢复是修复森林生态的可行措施。

（二）水域生态修复

水域生态系统修复是指重建水域受到干扰前的功能及相应的物理、化学和生物特性，即在水体生态修复过程中常常要求重建干扰前的物理条件，调整水和土壤中的化学条件以及水体中的植物、动物和微生物群落。

湿地是陆地和水生生态系统的过渡带，具有"地球之肾"之称。随着人口增长和社会进步，湿地资源不断丧失或退化。湿地生态修复是指通过生物技术或生态工程对退化或消失的湿地进行修复或重建，再现其被干扰前的结构和功能，使其发挥原有的作用。

（三）草地生态修复

草地退化是指草地在不合理人为因素的干扰下，在其背离顶级的逆向演替过程中，表现出的植物生产力下降、质量降级、土壤退化和生物性状恶化以及动物产品的下降等现象。草地生态修复是通过改进现存的退化草地或建立新草地两种方式来完成的。

（四）海洋与海岸带生态修复

随着海洋资源的开发和使用，海洋也受到了严重的污染。海岸带是陆地与海洋相互作用的交接地区，是人类社会繁荣发展中最具潜力和活力的地区，但由于人口不断向海岸带地区集聚，海岸带面临的压力越来越大，资源和环境问题越来越严重。对海洋和海岸带进行生态修复，可以恢复环境，防止资源破坏并避免生态进一步恶化，从而促进海洋经济和社会的持续发展。

（五）废弃地生态修复

自然资源被大量开采，不仅造成土壤和植被的破坏，而且导致水土流失，形成巨大的污染源，因此废弃地的整治在生态系统的修复与重建中具有重要的地位。

第二节　水生态修复技术与保护

　　水环境指的是自然生态系统中湖泊、江河等水体和其湿地组成的河湖生态系统。水环境中的水域空间是水生生物群落和一些两栖生物群落的重要生存环境。近年来随着科技的进步，人类活动范围的不断扩大，社会的经济增长方式也有所改变。人们对水资源的利用达到了空前的程度，但对水环境造成了严重的损害，这对整个环境的生态平衡产生了很大的负面影响。水生态修复技术是生态工程技术的一种，利用恢复生态学和水生态学来对受损的水生态环境进行结构和功能方面的修复，能促进水生态系统恢复完整性。目前，水生态修复技术主要有两类：一是采用生物生态治理技术处理和修复受损水生态环境；二是利用生态水利工程技术达到治理受损水生态环境的目标。

　　我国尚属于发展中国家，经济的发展对水资源较为依赖。但当下国内的水生态环境污染严重，因此，高效利用水资源已经成为我国经济可持续发展的必然选择。我国的江河湖泊数量众多，生态类型丰富多样，所以不可避免地面临着各种各样的水环境污染问题。"十四五"期间，生态环境部将继续坚持山水林田湖草系统治理，坚持精准、科学、依法治污。以水生态保护为核心，统筹水资源、水生态、水环境等流域要素，巩固深化碧水保卫战成果，编制实施重点流域水生态环境保护的"十四五"规划。要积极推进美丽河湖保护与建设，不断提升治理体系和治理能力现代化水平，力争在关键领域和关键环节实现突破，为2035年美丽中国建设目标的基本实现奠定良好基础。

一、生物生态治理技术

　　这类技术利用特殊培育的微生物或植物的新陈代谢活动，对受损水体中的污染物进行富集、降解、吸收从而净化水体。这类技术清洁无污染，造价和运营成本较为低廉，是比较理想的水治理技术，在欧美等发达国家已经得到了广泛应用。

（一）生物修复技术

　　生物修复技术是利用生物的新陈代谢对受损水体中的有机物和氮、磷等营养素进行净化治理的技术，是我国最常用的治理技术之一。生物修复技术包括人工湿地技术、土地处理技术、高效微生物固定化技术、水生植物处理和生物浮岛技术等。人工湿地技术是在一定条件下对生活污水、工业生产污水、农业污染水源和富营养化水体进行吸附、降解、转化等程序后，高效降低水体中的金属元素、有机物和病原微生物等的技术。人工湿地技术相对于天然湿地有许多优势，比如可靠性较高，对环境危害因素针对性较高等，缺点在于占用的土地面积较大，建设成本较高。土地处理技术是一种相对传统的处理方法，主要是将土地作为处理的基本单位，并利用土壤中微生物和植物的根茎等实现对水体的净化。该技术的操作步骤简单，成本较低，便于实施，但缺点也非常明显，包括处理能力较低、整个污水处理过程耗时过长等。高效微生物固定化技术则是一种新兴技术，这种技术将特殊培育的微生物或者酶布置在水体处理的关键位置，使得它们在某一区域内达到很高的浓度，以此提高治理效率。水生植物处理和生物浮岛技术则利用水生植物对水体中的污染物进行降解与转化，现在常用的植物有凤眼莲、芦苇等。这种治理方法成本低廉，效果较好，缺点在于受植物的季节性影响严重，部分植物还有造成生物入侵的风险。

（二）生态修复技术

生态修复技术的原理是对水体中缺少的成分进行恢复重建，从而有效地提高水生态环境的完整性，即通过修复水生态的结构实现水体功能的恢复。当前使用最为广泛的技术是生物操纵技术和沉水植物重建技术。生物操纵技术就是通过引入特定的鱼类来吞食过多的藻类以避免水体的富营养化。沉水植物重建技术就是选取合适的本地沉水植物，将其种植在一些需要修复的水域，并使之充分融入该水域中，成为该水域的组成部分之一。生态修复技术的优势在于治理措施与当地待修复的水体联系紧密，这对我国浅水富营养化问题有很好的治理效果。我国已经把此项技术应用于太湖流域，并取得了良好的治理效果。但是无论是生物操纵技术，还是沉水植物重建技术，都是通过后天的操作对自然水体进行修复，这是一个长期的过程，必须做好统筹规划工作，稍有不慎，治理计划可能产生波折甚至造成水生态系统崩溃。

二、生态水利工程技术

这项技术是 20 世纪 80 年代由西方发达国家提出并率先应用，指通过建设各种水利工程发挥水生态修复技术的作用。一些新建的工程可能会对水生态环境造成危害，这就需要实施一系列补救措施。而对于一些已经投入运行的工程项目，就需要对受损的水生态环境进行深入的分析和研究。一般来说，生态水利工程技术主要是对河道、河道内和流域内栖息地、河岸以及流域内土地利用等方面进行修复。

（一）河道修复

河道修复是针对采矿工程、水利工程建设等造成的河道结构变动而进行的修复。要实现河床再造，就要控制淤积段河水流量，力求让河水自行调整河床的形状。通过模拟河道水文的自然周期，将洪水中的污染物进行沉淀和净化，给野生生物提供生活场所，再结合河漫滩和横断面的修复，来完成河道空间再造。

（二）河道内和流域内栖息地修复

河道内是鱼类等生物的生存场所，流域内还生活着许多半水生动物和涉水鸟类生物。水生态环境的恶化严重影响了这些动物的生存。河道内和流域内栖息地修复措施主要包括鱼道、林间水库、食物斑块和湿地修复等。

（三）河岸修复

河岸修复的目的是提高河岸的稳定性，主要使用植物、透水材料等加固河床，达到既提高河岸的稳定性，又不影响水体中与河岸边物质交换的目的。一般采用河岸栽种成活枝条、使用可透水的鱼巢砖等材料的方式达到固定河岸的效果。

（四）流域内土地利用修复

人类的活动对水体等自然环境造成了破坏，导致产生了绿色植被数量锐减，流域内水土流失严重等恶果。通过恢复流域内的植被数量，可以减少地表径流和水土流失，大大改善河流的水质，从而修复生物的栖息地，恢复流域内的水生态环境。具体技术手段包括季节性封禁、人工种植等。

三、水生态修复技术在未来的发展趋势

近年来，关于水生态修复技术的理论研究发展十分迅速，水生态修复技术在我国有广阔的发展前景。我国虽然已经开始向有成熟治理经验的国家取经，并结合实际情况进行污染水体的修复工作，成功建设了许多人工湿地，但是治理效果并不突出。

在未来，生态水利工程将不再仅仅着眼于某一段河流的局部结构修复，而是会把重心转移到整个流域系统结构和功能的综合修复。水生态技术将会不断推陈出新，生态水利工程技术也将会结合各个工程领域的新进展，形成一个水生态治理的综合集成系统，为今后的决策工作提供有力的支持。

第三节　水生态保护与修复规划

水生态是生态系统的基础和重要组成部分。水生态系统是指在自然生态系统中由河流、湖泊、滨河等组成的河湖生态子系统。维持良好的水生态系统，对促进自然界物质循环和能量流动具有重要作用。

一、水生态保护与修复规划的特性及功能

（一）水生态保护与修复规划的特性

从纵向角度来说，水生态系统在河流的气象、地貌等方面具有明显的区域形态差异，并且从其蜿蜒的特点来看，上、中、下游区域都各有特色；从横向角度来说，河流与陆地之间的沿岸形态有明显的过渡带与陆域，甚至在河流横断面上还能够观察出浅滩与深潭的多样性；从垂向角度来说，由于水气两向性与河流底部的水泥两向性，使河流对于水生生

物的生存环境支持效应明显增强，河流水生态为生物生存提供了固着点与营养来源。

就水生态系统其余的特性来说，还可分为流域性、复合性、多样性与连续性。流域性是指以水文流域为整体，界限清晰、功能完整的生态系统，在河流地表以下所形成的完整水文循环过程，凸显出其流域性。复合性是指由陆地河岸生态系统与水生态系统等子系统所构成的复合性系统，彰显出其复合性。多样性主要体现于河流与湖泊等水文地域中，由多种生态因子构成的生态系统。连续性是指在水生态系统从河口到河流源头的空间形式上的生物连续性。

（二）水生态保护与修复规划的功能

生态环境支持功能主要体现在水生态系统为相关生物提供生存固着点的基础性功能，而水文循环与土壤、水源等方面的生存条件能够进一步促进生物的多样性发展。生物多样性维持功能是依据水生态系统生存环境的多样性来丰富各类生物生存种类，生存条件的优越性可使该区域内的生物种类不断增加。服务功能是指水生态系统为人类提供的生存条件，在此过程中所形成的服务效应，也为人类社会航运、发电、水产养殖及文化景观等多个产业的发展提供了支持。

二、水生态保护与修复规划的关键技术

（一）完善管理体系

加强完善管理体系是引导和规范各类开发行为的重要途径。从我国主体功能分区及生态区的规划形式来看，明确功能区的定位与空间选择十分重要。对于水生态环境较为敏感和脆弱的流域，设置水生态红线区能够严格控制敏感区域的污染情况。城市在规划过程中也应留有一定程度的水文流域面积，为城市建设提供水文景观或相关实际建设作用，控制用水总量能够逐渐退还，缓解因挤占河道而造成生态环境水系统破坏的问题，合理控制地下水水位，从而保障人类生存环境。上中游干支流区域可以选择相关的闸坝来联合调度控制水量，以此来缓解用水资源紧缺的问题。

（二）统筹协调管理

对地表水与地下水进行统筹管理，需要从全局去考虑。山水林田湖的综合治理要对水量水质进行统一规划，再确定水生态环境的保护与修复方案。制定科学的水生态保护与修复规划，要立足于山水林田湖的"生命共同体"理论之上，对流域水资源的开发与利用进行充分考虑，以达到实际的防洪减灾和污染防治要求。根据不同河段的不同空间尺度下的水生态保护与修复工程工作需要，结合实际水文情况来制订全国重要江河湖泊流域的水功能规划，是建立防污治污机制的前提与基础。只有全面协调生态环境保护与经济利益之间的关系，才能使该机制长久有效地维持下去。

（三）构建生态友好型的水利工程体系

在水利工程设计过程中，对工程的标准及流程应作出规范，并逐步强化，以协调水利工程建设与生态环境保护之间的关系。保护好生态环境，能够使相关河道工程更具有天然河流的形态，维持河流的蜿蜒程度。对现代水坝等设施应根据河流生态需水量进行调动，以清淤疏浚等手段对沟渠进行整治，建设仿生态的友好型水利工程体系，从而实现河畅水清的水生态环境。

（四）实现河湖水系连通

为了优化水资源配置的格局，应进一步提高现代水利工程对水文环境的保障能力，实现河湖水系连通，这能够有效促进水生态文明的融合与进步。在自然水系及大中型蓄调工程的基础上，构建全新的流域生态水系网络，加快发达地区的水系连通工程建设，率先构建现代化水系网络。同时使中部地区的水系连通工程能够有效增强河湖之间的疏通性，可通过人工通道的形式实现清淤疏浚作业，逐步扩大湖泊湿地的水源涵养发展空间。

我国正处于社会生产力水平快速发展的黄金时期，而水利建设作为国民经济的基础始终影响着社会的发展。水生态保护与修复是实现水生态可持续发展的重要手段，对缓解水生态系统中的污染问题、保证水生态环境质量以及物种多样性都具有重要意义。因此，正确认识我国水生态系统存在的问题和面临的形势，针对性地进行系统保护和修复是推进生态文明建设的重中之重。

第四章　河流水质改善与生态修复技术

第一节　河流生态系统和河流生态修复

一、河流生态系统

（一）河流生态系统的定义

河流生态系统是指由水生植物、水生动物、底栖生物等生物与水体等非生物环境组成的一类水生态系统。广义的河流生态系统包括陆域河岸生态系统、水生态系统、湿地及沼泽生态系统等一系列子系统是一个复合生态系统。从河流的结构来讲，河流一般由溪流汇集而成。河流的源头最先是没有支流的小溪流，它属于最小的一级小溪，当两个或更多一级小溪汇合后就形成稍大的二级小溪，两个二级小溪汇合就形成更大的三级溪流。每一条河流的排水区域构成它的流域，而每一个流域在其植被、地理特点、土壤性质、地形和土地利用方面都各不相同。但河流为其流域提供了排水通道，池塘、湖泊和湿地具有滤污器的功能。因此，河流生态系统是一个由流水系统、静水系统和陆生系统三个部分组成的完整复合生态系统。

河流系统可以根据其尺度大小，进一步分成不同的系统：1 000m尺度的河流系统；100m尺度的河流区段；10m尺度的河段系统；1m尺度的微水域或浅滩；0.1 m尺度的微生态系统。

河流是重要的生态廊道，可以为人们提供休闲地带，也是重要的文化遗产廊道。目前的河流，尤其是城市河流主要存在环境与生态恶化、河流公共空间缺失、视觉景观混乱、历史延续和遗产保护及周边土地无序开发等问题。

（二）河流生态系统的结构

1.水体

河流生态系统由流水系统和静水系统这两个不同而又相互关联的系统交替组成。水生附生生物可附着在水下的岩石、倒木上，成为溪流浅滩的优势生物，主要是硅藻、蓝细菌和水藓，它们相当于湖泊中的浮游植物。在流动水体的上下游都分布有静态集水区，集水区的深度、流速和水化学方面都与流动水体不同。

水流流速是影响河流特征和结构的一个重要属性,而河流通道的形状、陡度、宽度、水深、河底平均深度和降雨强度以及融雪速度都对水流速度有影响。水流流速超过50cm/s应该算是水流较急的,在此流速下,直径小于5mm的所有颗粒物都会被冲走,留在河底的将是小石块。高水位差可增加流速并能使水流搬运河底的石块,对河床和河岸有很强的冲刷作用。随着河床的加深加宽和水容量的增加,河底就会积累一些淤泥和腐败的有机物质。当水流速度逐渐变缓时,河流中的生物组成也随之发生变化。

水体pH值反映着溪流中的二氧化碳含量、有机酸的存在和水污染状况。与酸性的贫营养河流相比,水的pH值越高表明水中碳酸盐、重碳酸盐和其他相关盐类的含量越多,水生生物的数量和鱼类的数量也就越多。河水漫过浅滩时的起伏大大增加了水体与空气的接触面,水中氧含量升高,常常可达到即时温度下的饱和点。只有在深潭或受污染水体中,含氧量才会明显下降。

2. 生物

河流的流动性是生物栖息所面临的主要问题。在这方面,河流生物已经形成了一些特有的适应性。为在流水中减少运动阻力,流线型体形是很多河流动物的典型特征。很多昆虫的幼虫可抓附在石块的小表面,因为那里的水流较慢。它们的身体极为扁阔,甚至有的在下表面十分黏滑,这使它们能牢牢地黏附在水下石块的表面,并缓慢地在石块表面爬行。在植物中,水藓和分枝丝藻可靠固着器附着在岩石上。有的藻类则可形成垫状群体,外面覆有一层胶黏状物,其整体形态很像是石块或岩石。

栖息在急流中的所有动物都需要极高的接近饱和状态的含氧量,而且水的快速流动能保证它们的呼吸器官与饱含氧气的河水持续接触,否则动物身体外围一层水膜中的氧气很快就会被耗尽。在水流缓慢的水中,具有流线体的鱼种会消失,代之以其他种类的鱼,如银鱼等。这类鱼失去了在急流中游动所需的强有力的侧肌,体形较为紧凑,它们适应在茂密的植物丛中穿行。

河底的性质是影响河流整体生产力的重要因素。一般来说,沙质河底的生产力最低,因为附生生物难以在那里定居。基岩河底虽然为生物定居提供了一个坚固的基底,但它遭水流冲刷太强烈,因此只有抓附力最强的生物才能生活在那里。由沙砾和碎石铺成的河底对生物定居最适宜,因为这不仅为附生生物提供了最大的附着面积,而且为各种昆虫幼虫提供了大量缝隙作为避难场所,因此这里的生物种类和数量最多,也最稳定。河底沙砾和碎石过大或过小都会使生物产量下降。可见,河流中的生物为河流生态系统提供了生命的活力,是河流生态系统持续发展的基础。

3. 河岸带

河岸带泛指河水与陆地交界处的两边,河水影响很小的地带。河岸带具有四维结构特征,即纵向、横向、垂直方向和时间变化四个方向的结构。河岸带生态系统具有明显的边缘效应,是地球生物圈中最复杂的生态系统之一。作为重要的自然资源,河岸带蕴藏着丰富的野生动植物资源、地表和地下水资源、气候资源以及休闲、娱乐和观光旅游等资源，是良好的农、林、牧、渔业生产基地。

河岸生态是河流生态系统的重要组成部分，河岸植物覆盖率的增加可以有效减少水土流失，保护河岸稳定。河岸带具有廊道功能，连接分散生境斑块；有缓冲带功能，植物、土壤、微生物协调共生；有护岸功能，对植物、沼泽植被的固定作用。

4.多样性河流形态

河流与周围的陆地有更多的联系，水—陆两相联系紧密，是相对开放的生态系统。水域与陆地间过渡带是两种生境交汇的地方，由于异质性高，使得生物群落多样性的水平高，适于多种生物生长，优于陆地或单纯水域。在水陆联结处的湿地，聚集着水禽、鱼类、两栖动物和鸟类等大量动物。而植物有沉水植物、挺水植物和陆生植物，并以层状结构分布。另外，河流又是联结陆地与海洋的纽带，河口三角洲是滨海盐生沼泽湿地。河流形态多样性主要表现在以下四个方面。

（1）上中下游的生境异质性。我国的大江大河多发源于高原，流经高山峡谷和丘陵盆地，穿过冲积平原到达宽阔的河口。上中下游所流经地区的气象、水文、地貌和地质条件有很大差异，在水平和垂直方向上形成了极为丰富的流域生境多样化条件，这种条件对于生物群落的性质、优势种和种群密度以及微生物的作用都产生了重大影响。

（2）河流的蜿蜒性。自然界的河流都是蜿蜒曲折的。在自然界长期的演变过程中，河流的河势也处于演变之中，使得弯曲与自然裁弯两种作用交替发生。蜿蜒性是自然河流的重要特征，河流的蜿蜒性使得河流形成主流、支流、河湾、沼泽、急流和浅滩等丰富多样的生境。由此形成了丰富的河滨植被、河流植物，为鱼类的产卵创造条件，成为鸟类、两栖动物和昆虫的栖息地和避难所。

（3）河流断面形状的多样性。自然河流的横断面也多有变化。河流的横断面形状多样性，表现为非规则断面，也常有深潭与浅滩交错的布局出现。河流浅滩的生境，光热条件优越，适于形成湿地，供鸟类、两栖动物和昆虫栖息。积水洼地中，鱼类和各类软体动物丰富，它们是食肉候鸟的食物来源，鸟粪和鱼类肥土又促进水生植物生长，水生植物又是食植鸟类的食物，环环相扣形成了有利于珍禽生长的食物链。

（4）河床材料的透水性与多孔性。河床的冲淤特性取决于水流流速、流态、水流的含沙率、颗粒级配以及河床的地质条件等因素。悬移质和推移质的长期运动形成了河流动态的河床。在高山峡谷湍急的河段，河床由冲刷作用形成，其河床材料是透水性较差的岩石。除此之外，大部分河流的河床覆盖有冲积层，河床材料都是透水的，即由卵石、砾石、沙土、黏土等材料构成的。具有透水性能的河床材料，适于水生和湿生植物以及微生物生存。不同粒径卵石的自然组合，又为鱼类产卵提供了场所。同时，透水的河床又是联结地表水和地下水的通道，使淡水系统形成整体。

二、河流生态修复的原则与方法

（一）河流生态修复的原则

河流生态修复是指在遵循自然发展规律的基础上，借助人类的作用，根据技术上适当、经济上可行、社会上能够接受的原则，使退化生态系统重新获得健康并有益于人类生存与生活的生态系统重构或再生过程。生态修复的原则一般包括自然法则和社会经济技术原则。

1. 自然法则

自然法则是生态修复的基本原则。只有遵循自然规律，师法自然，河流生态系统才能得到真正的修复。具体原则如下：

（1）地域性原则。由于不同区域具有不同的生态背景，如气候条件、地貌和水文条件等，这种地域差异性和特殊性使得我们在恢复与重建退化生态系统的时候，要因地制宜，具体问题具体分析，在长期定位试验的基础上，总结经验获取优化和成功模式。

（2）生态学原则。生态学原则包括生态演替原则、食物链和食物网、生态位原则、阶段性原则、限制因子原则、功能协调原则等等。生态学原则要求我们根据生态系统的演替规律，分步骤、分阶段，循序渐进，不能急于求成。生态修复要从生态系统的层次开始，从系统的角度，根据生物之间、生物与环境之间的关系，利用生态位和生物多样性原理，构建生态系统，使物质循环和能量流动处于最大利用和最优状态，从而使修复后的生态系统能稳定、持续地维持和发展。

（3）顺应自然原则。充分利用和发挥生态系统的自净能力和自我调节能力，适当采用自然演替的被动恢复，不仅可以节约大量的投资，而且可以顺应自然和环境的发展，使生态系统能够恢复到最自然的状态。

（4）本地化原则。许多自然区域面临来自非本土物种的入侵，它们与本土的对应物种竞争，影响了本土物种的生存，进而影响相关物种的生存和生态系统结构功能的稳定，造成极大的损害。生态修复应避免使用非本土物种，防止外来种的入侵，以修复河流生态系统原有的功能。有的时候，生态修复工程的首要任务是清除入侵物种。

2. 社会经济技术原则

社会经济技术条件和发展需求影响河流生态修复的目标，也制约着生态修复的可能性、恢复的水平和程度。

（1）可持续发展原则。实现流域的可持续发展，是河流生态修复的主要目的。河流生态修复是流域范围的生态建议活动，设计面广、影响深远，必须通过深入调查、分析和研究，制定详细而长远的修复计划，并进行相应的影响分析与评价。

（2）风险最小和效益最大原则。由于生态系统的复杂性以及某些环境要素的突变性，人们难以准确估计和把握生态修复的结果和最终的演替方向，退化生态系统的恢复具有一定的风险。同时，生态修复往往具有高投入的特点，在考虑当前经济承受能力的同时，又要考虑生态修复的经济效益和收益周期。保持最小风险并获得最大效益是实现生态效益、经济效益和社会效益完美统一的必然要求。

（3）生态技术和工程技术结合原则。河流生态修复是高投入、长期性的工程，结合生态技术不仅能大大降低建设成本，还有助于生态功能的恢复，并降低维护成本。生态修复并不要求高技术，相反实用技术的组合使用往往更加有效。

（4）社会可接受性原则。河流是社会、经济发展的重要资源，恢复河流的生态功能对流域具有积极的意义，但也可能影响部分居民的实际利益。河流生态修复计划应该得到当地居民的积极参与，得到公众的认可。

（5）美学原则。河流常常是流域景观的重要组成部分。美学原则要求退化生态系统的恢复重建应给人以美好的享受。

（二）河流生态修复的方法

不同河流在地貌单元、生态群落、退化历程与可能的恢复目标等方面都有所不同。国内外许多河流生态修复与重建实例已清楚地说明了这一点，但为了便于理解，在此主要介绍有关生态修复的四种方法。在具体的修复实践中，由于修复的需要往往会用到几种不同的方法或措施。

1.非构造性方法

非构造性方法主要是一些与集水区域廊道管理有关的措施，其目的在于改变集水区水文过程和冲积物转运过程以实现恢复河流生态系统。具体方法包括：①有计划地闲置一些可自然恢复的河道与集水区，并实施有关的水管理政策，以减小对自然水循环与沉积物频繁变换的影响；②制定和完善有关河漫滩或廊道管理的政策，以限制牲畜进入河道，即"半源性"技术，它包括河漫滩规划、托片技术和水生生境边际战略。虽然非构造性方法（如为缓和洪水影响而进行的土地买卖）正在被广泛应用在大型河流恢复中，但集水区等级恢复的内在复杂性往往会限制这一重要方法的使用。

2.改善网络连通性

改善网络连通性的方法，即通过增加河漫滩洪水脉冲的持久性来改善河流侧向的连通性，从而实现河流的生态效益。此类方法并不完全集中于集水区尺度上进行研究，而主要是通过采取不同措施来实现洪水脉冲驱动下河道过程的恢复，例如释放过剩河流流量、撤销小型鱼梁和保障物或大型水坝等措施。此类方法往往倾向于河流的过程恢复，尽量减少对系统状态的改变。

3.溪流内快速恢复措施

溪流内快速恢复措施往往要设计一些小型结构来诱导相关过程的发生，这些结构仅在河段尺度上对溪流进行改善。这一项目的主要目的是减缓河流日益沉淀的趋势，并通过调节侵蚀与沉淀的地貌过程使河道更具异质性。此方法不能解决地貌学与集水区水文学之间的基本联系，但若景观战略性规划之后，就能促进河段的改善，这对于与其他受干扰集水区的建立联系十分重要。本方法的具体措施包括采用流量导向板与小型水坝、脊或者风向标，进行基地恢复与水潭、浅滩重建，建立自然或人工的覆盖物并设置为鱼巢，采用沉积阀门与退台式堤岸等。此类方法对鱼类生产量和多样性产生的长期生态作用主要在于方案设计的局部影响以及土地利用和河道管理实践的综合作用。

4. 地貌重建

地貌重建就是指在某一河段构建新的地貌。此方法常常受到河道自然地貌特征的影响，而与受到干扰后的河道变化程度的关系不大。此类方法在小流量河道恢复中十分流行。主要原因在于这些小流量河流自然或快速恢复的速度远远小于地貌工程措施的恢复速度。而且，这些工程不仅能成功地恢复小流量或静态的河流环境，而且在其他环境恢复中同样具有重要功能。因此，为了不改变河流侵蚀与沉淀的固有特性，受干扰的集水区河道设计就需要采用河道地貌设计方法。

三、河流生态修复的目标

对于河流生态修复的目标，学术界存在着不同的表述，这些表述也反映了不同的学术观点，从过程、目标到相关措施都有很大的差别。

（一）区域目标

区域目标从关注人类的生活质量出发，包括改善退化河流环境的美学价值与保护文化遗产和历史价值。这样，那些看似"无用"的环境价值可能成为河流修复工程的目标之一。但有时河流的美学价值和科学价值并不一致。例如，在以娱乐休闲为目标的修复工程中，虽然可策划其他公共目标，但基本出发点是不同的。只有要保护的目标与运动、垂钓等娱乐休闲活动在经济利益上一致时，才有利于生态修复的启动。

河流生态修复可以直接由区域行动来发起，也可以通过"以河流为荣"的理念借助社区凝聚力或增强环境意识来实现。而且，这些修复往往均以生态目标为导向。在一些项目中，需要进行中心交易，以实施修复项目中的某些替代方案。

（二）专项目标

专项目标多数由河流管理机构发起。许多河流的管理以生态修复为保护伞，人们只采用一些"传统"的河流管理措施，河流的防洪工程就是一个典型例子。重新淹没河滩地、重建河岸林与蓄水池等一系列措施，虽然既可以恢复湿地生境，又有利于下游区域抵抗洪灾，但这些措施基本上与人们长期形成的河流保护观念相悖，因此实施起来很难。目前河流生态修复的专项目标还包括减小河道系统的不稳定性、减少淤泥维护费用和改善水质（DO 含量）等措施，这些目标往往与生态效益有关。

（三）生态目标

河流生态修复的目标多种多样。为达到各项目标之间相互平衡，必须有一个"折中"

的目标。只有从生态的角度出发，确立整体目标才能有效地改善河流功能。也只有这样，才能改善河流生物多样性、动植物群落和河流廊道。因此，生态目标确定的一个关键因素就是明确目标动植物群落生存发展所要求的物理生境条件，包括鉴定目标物种、了解不同发育阶段的生境需求以及掌握与目标物种有依赖或共生关系的物种的生境需求。以上鉴定工作有助于地理学家和工程师利用河流生态系统现状特征做出可持续的河流生境规划，而且，这一规划可以作为河流防洪、改善娱乐休闲空间等河流管理目标的框架。

四、河流生态修复的实施

（一）大纲编制

河流生态修复规划大纲是河流生态修复规划编制的工作指南，一般应包括如下内容：任务由来；编制依据；规划工作指导思想、原则和思路；规划范围、终点和目标；规划工作内容；规划成果及专题设置；编制单位和组织形式；规划工作进度安排和经费概算。

（二）一般步骤

步骤1：确定河流生态修复的目标。当这一步完成时，应该描绘出一个总体目的，或者一个蓝图，勾勒出修复工程完成后河流的模样。这样一个可见的蓝图在河流生态修复过程中起着关键的指导作用。

步骤2：确定河流生态修复的利益相关者。河流生态修复是河流管理的一部分。如前所述，河流有许多功能，需要根据河流功能，列出利益相关者，包括机构和公众。

步骤3：分析人类活动对河流功能的影响。对河流未受干扰之前以及现在的状况进行描述，分析人类活动对河流生态系统和河流功能的影响。

步骤4：识别河流的主要天然资产和主要问题。河流生态修复也是保护和改善天然河流资产。资产就是河流已经具备的，并满足相应河流功能目标的良好条件。许多河流资产都受到河流问题的威胁，有的已经退化。在这一步中，要识别出河流的主要资产、退化资产和存在的主要问题。

步骤5：确定河流生态修复的优先次序。河流的生态修复涉及不同的河段、不同的功能，而每个功能受关注的程度、修复的时间又不尽相同，因此应该首先确定河流生态修复的优先次序。需要注意的是，工程不应该总是从受损最严重的河段着手，有时候也需要从现存的最好的河段开始。

步骤6：制定保护资产和改善河流的策略和措施。确定优先河段后，列出保护和改善这些河段重要资产的所有方法。

步骤7：制定河流生态修复详细而可度量的目标。对应于上一步列出的策略和措施，制定详细的、可以度量的目标。

步骤8：分析目标的可行性。许多因素如费用、政治、其他河流用户的反对等，都将可能改变原已确定的优先权和侧重点。完成这一步后，要解决的问题才能最终决定。

步骤 9：制定恢复工程的详细计划。在步骤 6 中，已经确定了解决问题的初步方法，在这一步需要进行详细的设计。为了达到目标，可以进行规划控制，甚至改善或重建整个河道。

步骤 10：设计恢复工程的评估方案。步骤 7 中制定的可估量目标在此成为对工程进行评估的基础。需要注意的是，并不是所有的评估都一定要求很详细。

步骤 11：组织恢复工程的实施。为保证修复工程的实施，需要制定时间进度表，进行明确的任务分派，落实资金来源，组织项目评估。

步骤 12：实施恢复工程。只有实施了恢复工程，才能使河流生态修复目标的蓝图变为现实。在这一步骤中，需要运用在评估规划中收集的资料对工程进行正式评估。

第二节　河流水质的改善与河流生态修复技术

一、河流水质改善的方法

（一）物理方法

物理方法主要是指疏挖底泥、机械除藻、引水冲淤和调水等。疏浚污染底意味着将污染物从（河道）系统中清除出去。这可以较大程度地削减底泥对上覆水体的污染贡献率，从而改善水质。调水的目的是通过水利设施（如闸门、泵站）的调控引入污染河道上游或附近的清洁水源以改善下游污染河道水质。此类方法往往治标不治本。

（二）生态——生物法

包括河道曝气复氧、生物膜法、生物修复法、土地处理法、水生植物净化法。

（三）生物膜技术

是指使微生物群体附着于某些载体的表面上呈膜状，通过与污水接触，生物膜上的微生物摄取污水中的有机物作为营养吸收并加以同化，从而使污水得到净化。

（四）水生植物净化法

该方法是充分利用水生植物的自然净化机能的污水净化方法，例如采用浮萍、湿地中的芦苇在一定的水域范围进行净化处理。但是生活污水的排入会产生臭气、害虫和景观影响等问题，因此选用时要综合考虑上述问题，如选择在春夏季下风口的位置种植芦苇等。

二、河流生态修复技术

在以建设既能防洪，又适于生物栖息为目的的生态河流思想的指导下，近几十年来，河流生态修复技术得以迅速发展。20 世纪 80 年代，德国、瑞士等国提出了"重新自然化"的概念，将河流修复到接近自然的程度；英国在修复河流时强调"近自然化"，同时要求必须优先考虑河流的生态功能；荷兰强调河流生态修复要与防洪相结合，提出了"给河流以空间"的理念。在工程实践方面，欧洲实施了"莱茵河行动计划"，该计划不仅要改善河流水质，还要提高河流栖息地质量，使鲑鱼重回莱茵河。在河道治理方面，日本于1997年对"河川法"进行了大幅度的修改，提出"多自然型河川工法"，强调用生态工程方法来治理河流环境、恢复水质、维护景观多样性和生物多样性。日本自20世纪90年代初就实施了"创造多自然型河川计划"，仅在1991年全国就有600多处实验工程兴建。总之，国外在修复河流自然形态方面成功的措施有：恢复缓冲带；重建植被；修建人工湿地；降低河道边坡；重塑浅滩和深潭；修复水边湿地、沼泽地森林；修复池塘。

（一）河流生物修复与净化技术

生物修复，主要是指微生物修复，是利用特定的生物（植物、微生物或原生动物）吸收、转化、清除或降解环境污染物，实现环境净化、生态效应恢复的一种生物措施。生物修复之所以主要指微生物修复，是因为人类最早利用的来修复污染环境的生命形式主要是微生物，而且对于污水处理来说，微生物的应用技术比较成熟，影响也极其广泛。生物包括微生物、植物、动物等生命形式，特别是近些年来，植物修复已成为环境科学的热点，同时也被公众接受。因而，广义的生物修复既包括微生物修复、植物修复，也包括生物促生剂技术和细胞游离酶修复技术等有生命活动参与的修复方式。

1. 微生物修复技术

微生物降解机理是指利用天然存在或特别培养的微生物，在可调控环境条件下将有毒污染物转化为无毒物质的处理技术，其实质是就地创造适合微生物生长的条件，以微生物为主体，以污染物为碳源或能源的生物处理过程。水环境微生物修复能否成功运行，主要取决于以下三方面因素：微生物因素，即微生物浓度数量、微生物种群多样性以及生物酶活性等；基质因素，即基质的生化特性、分子结构、基质浓度等；环境因素，即pH值、温度、电子受体、碳源及能源等。其中，基质可生化性及作为碳源和能源的污染物浓度在很人程度上决定了生物修复的可行性与微生物形态发生变化的可能性。微生物降解的机理如下：

（1）降解作用。降解微生物种类繁多，细菌、真菌和藻类都可以降解有机污染物。微生物降解的过程，即向基质接近，对固体基质的吸附，分泌胞外酶，可渗透物质的吸收和胞内代谢。微生物就是通过这种方法来降解水体污染物，从而净化水体的。

（2）共代谢作用。微生物不能利用基质作为能源和组分元素的有机物称为共代谢。具体来说，微生物不能从共代谢中受益，既不能从基质的氧化代谢中获取足够能量，又不能从基质分子所含的C、N、S或P中获得营养进行生物合成。在纯培养中，共代谢是微生物不受益的终死转化，产物为不能进一步代谢的终死产物。但在复杂的微生物群落，终死产物可能被另外的微生物种群代谢或利用。

（3）去毒作用。去毒作用是指使污染物的分子结构发生改变，从而降低或去除其对敏感物种的有害性。敏感物种包括人、动物、植物和微生物，其中最受关注的是人。去毒作用导致钝化作用，即把在毒理学上具有活性的物质转化为无活性的产物。由于毒理学上的活性与化学品的本体、取代基团和作用方式有关，所以去毒作用也包括不同类型的反应。

（4）激活作用。微生物对有机物的转化作用，除去毒以外，还有激活作用。激活作用指无害的前体物质形成有毒产物的过程。从这种意义上说，微生物群落也可以产生新的污染物。生物修复分解了靶标化合物未必就是消除了有害物质的危险性，所以需要密切监视废物生物修复系统中有机物分子降解的中间产物和最终产物及其毒性。激活作用可以发生在微生物活跃的土壤、水、废水和其他任何环境，产生的产物可能是短暂的，是矿化过程中的中间产物；也可能持续很长时间，甚至引起环境问题。激活作用的结果是生物合成致癌物、致畸物、致突变物、神经毒素、毒植物素、杀虫剂和杀菌剂。激活的产物有时会改变迁移性。

（5）固定作用。微生物除了将污染物降解转化为毒性小的产物以及彻底氧化为 CO_2 和 H_2O 之外，还可改变污染物的移动性，其方法是将这些污染物固定下来。这是一个十分有效的战略方法。微生物固定污染物的基本方法有以下三种：①生物屏障法，即微生物可以吸收疏水性有机分子，可以使微生物在污染物迁移过程中阻止或减慢污染物的迁移，这一概念有时被称为生物屏障；②氧化还原沉淀法，即具有还原或氧化金属能力的微生物种属，通过微生物的氧化还原作用使金属产生沉淀，如二价铁被氧化为三价铁形成氢氧化铁沉淀，或硫酸根还原为硫化物后与二价铁反应生成硫化铁，或与汞离子结合成硫化汞，或六价铬还原成三价铬后形成氧化铬、硫化物和硫酸盐沉淀，或可溶性铀还原成不可溶性铀后可形成氧化铀沉淀；③键合法，即微生物可降解键合在金属上并与金属保持在溶液状态中的有机化合物，被释放的键合金属可产生沉淀而固定下来。

2.微生物修复方法

针对环境污染的微生物修复主要采用的是原位生物修复，在一些特殊的情况下，也可采用异位生物修复的方法。

（1）原位生物修复

原位生物修复是在污染现场就地处理污染物的一种生物修复技术，包括自然修复和工程修复两个过程。原位生物修复主要采用一定的工程措施，在不进行人为移动污染物、不挖出土壤或抽取地下水的条件下，利用特定的处理方式进行强化。这些特定的处理方式包括以下几种：

①生物通风法。生物通风法是一种强迫氧化生物降解法，它是在不饱和介质中通入空气，以增强大气与土壤等介质之间的接触和流动，为微生物活动提供充足的氧气。

②生物注气法。生物注气法是向环境饱和层注入空气，使挥发性化合物进入不饱和层进行生物降解，同时饱和层也得到氧气，有利于生物降解。这种补给氧气的方法扩大了生物降解的面积，使饱和带、不饱和带的土著菌发挥作用。此方法可以同时处理饱和土壤与

不饱和土壤及地下水污染。

③生物冲淋法。生物冲淋法又称液体供给系统，它是将含氧和营养物的水补充到亚表层，促进环境中污染物的生物降解。向污染层提供营养物和氧时，在位于和接近污染地带处有注入井（或沟），还可以有抽水井抽出地下水，经过必要地处理后添加营养物回用。

原位生物修复最突出的优点是能将对修复场地的干扰破坏程度减小到最低。由于不需要运移污染物，也具有省时、高效的优点，可以将传统泵除技术用数十年时间才能处理的污染问题在几年时间内完成。这种技术最大的局限性是不能将金属污染物与有机污染物一起处理。

（2）异位生物修复

异位生物修复主要是指地下水污染的异位修复，即将地下水抽取至地面，再通过原位生物修复方法进行最终净化的一类技术。对污染土壤使用异位生物修复技术也比较多，尤其是对污染严重、污染面积又不是很大的污染土壤的修复。这种处理更好控制，结果容易预料，技术难度较低，但投资成本较大。异位生物修复有以下几种技术类型：

①土地填埋法。土地填埋法是污染物异位生物修复的一种形式，广泛用于油料工业中的油泥处理。具体做法是将污泥施入土壤中，再施肥、灌溉，加入石灰等，以保持最佳的营养含量、湿度和土壤 pH 值，以耕作的方式保持污染物在土壤上层的好氧降解。用于降解过程的微生物多半为土壤中固有的种群。然而，为了加强降解也添加一些外来微生物到土壤中。

②生物制备床法。生物制备床法又称处理床或预备床，是异地处理的一种形式。其操作方法是将受污染的土壤从污染地区挖掘出来，为防止污染物向地下水或更广大地域扩散，将土壤运输到一个需要经过各种工程准备（包括布置衬里、设置通风管道等）的地点堆放，形成上升的斜坡，并在此进行微生物修复处理，处理后的土壤再运回原地。

③生物泥浆反应器法。生物泥浆反应器法是将污染介质从污染点挖出来放到一个特殊的反应器中进行处理的一种异位生物修复法。在反应器内，污染介质被碾碎，然后与水混合，经搅拌等操作后制成泥浆。之后启动反应器，即开始生物修复。由于以水相介质为主要处理介质，污染物、微生物、溶解氧和营养物的传质速度快，且避免了复杂而不利的自然环境变化，各种环境条件（如 pH、温度、氧化还原电位、氧气量、营养物浓度、盐度等）也便于控制在最佳状态，因此反应器处理污染物的速度明显加快，但其工程复杂，处理费用高。另外，在对难以生物降解的物质进行处理时必须慎重，以防止污染物从固相介质转移到水中。

④游离酶法。微生物分离出来的游离酶可以将有害污染物转化为无害成分或更安全的化合物。工业上一般将粗制或精制的酶提取物，以溶液的形式或固定在载体上的形式来催化各种反应，包括转化碳水化合物和蛋白质。

（二）植物修复技术

植被利用的最普遍方式是将其籽实、根、茎、叶等器官或主要成分作为粮食、蔬菜、油料、纤维、嗜好品等生活和生产物资加以利用。同时人类用植物来净化环境，如利用土壤—植物系统来处理动物排泄物，利用土壤—微生物—植物系统来处理生活污水、污泥的农业利用和废弃矿山的复垦等。

1. 植物修复机理

（1）植物净化修复

植物净化修复包括污染空气的净化修复、污染水体的净化修复和土壤修复。植物修复机理如下：植物对水体的净化作用主要是利用凤眼莲、菱草、水花生、眼子菜、叶香蒲、丽藻等湿生、挺水、沉水植物对有机养分的充分利用以防治水体的富营养化；利用水生植物对酚类、重金属、农药等水体污染物的吸收、富集和降解作用。利用植物防治富营养化技术、利用湿地系统处理油田采出水技术已比较成熟。

（2）植物提取修复

植物提取修复利用超积累植物从污染土壤或水体中超量吸收、累积一种或几种重金属元素，之后将植物整体（包括部分根）收获并移走，然后再重复上述步骤，最终使受污染环境中的重金属含量降低到可接受的水平。虽然一些并不具备超积累特征的植物对重金属的富集能力也很大，有的因其生物量较大也具有较大的修复潜力，但一般情况下，植物提取修复技术还是由超积累植物起主导作用。植物提取修复是目前研究最多且最有发展前景的一种植物修复技术。

（3）植物挥发修复

利用挥发植物将污染土壤中的一些挥发性污染物吸收到植物体内，然后将其转化为气态物质释放到大气中，从而对被污染的土壤起到清洁作用。

（4）植物稳定修复

一些耐性植物的根系能分泌物质来积累和沉淀根际圈污染物质，使其失去生物有效性，以减少污染物质的毒害作用，能起到这种作用之一的植物通常叫作固化植物。固化植物对重金属的耐性较强，对重金属的积累能力较差。但更为重要的是通过固化植物在污染场地的生长，对污染物可以起到稳定作用，防止污染物向周围环境扩散造成二次污染。

（5）植物降解修复

植物降解修复是利用降解植物根分泌物直接将土壤中有机污染物降解，或将污染物质吸收到植物体内，再将这些化合物及其分解的碎片贮藏在新的植物组织中，或者使化合物完全挥发，或矿质化为二氧化碳和水，从而将污染物转化为毒性小或无毒的物质。

（6）根际圈生物降解修复

利用植物根际圈微生物修复体系来转化或降解污染物质，从而使有机污染土壤得到修复。其中，植物为其共存微生物体系如菌根真菌、根瘤细菌及根面细菌等提供水分和养料，并通过根分泌物为其他非共存微生物体系提供营养物质，对根际圈降解微生物起到活化的作用。事实上，要将植物修复与生物修复截然分开是不可能的，因为对绝大多数植物来说，植物的生命活动与其根际圈中微生物的生命活动是密不可分的，许多情况下还形成共生关系，如菌根（真菌与植物共生体）、根瘤（细菌与植物共生体）等。因此，根际圈生物降解修复也可以叫作植物—微生物联合修复。

2. 植物修复应用

（1）生态浮床与浮岛技术

生态浮床与浮岛技术是以水生植物为主体，运用无土栽培技术原理，使用可漂浮于水面的材料作为载体和基质，采用现代农艺和生态工程措施综合集成的水面无土种植植物技术。它应用物种间共生关系，且充分利用水体空间生态位和营养生态位的原则，建立高效的人工生态系统，以削减水体中的污染负荷。目前，在国内已有多个利用生态浮床技术的示范性工程，比如福州市白马支河运用生态浮床修复技术进行治理，在河道内安装面积达 2 352m² 的浮岛，浮岛上栽培的植物有近 40 种，还栖息着多种昆虫、两栖类和鸟类。该实验河道每天排入的污水约 5 000 吨，进水水质 BOD5 为 80 ~ 120mg/L，经处理后的 BOD5 小于 11mg/L，昔日的恶臭已基本消失。

（2）人工湿地技术

人工湿地进行污水净化的研究始于 20 世纪 70 年代末。在人工湿地技术的应用中，选择使用的水生植物的耐污和净化性能是这一技术能否正常发挥污染治理效能的关键所在。德国利用水平流和垂直流湿地芦苇床系统处理富营养化水体中营养物质（N、P 等），并进行比较，结果表明，超过 90% 的有机污染和 N、P 等污染被去除。加拿大滑流芦苇床湿地系统在植物生长旺季中的 TN 平均去除率为 60%，TKN 为 53%，TP 为 73%，磷酸盐为 94%。英国芦苇床垂直流系统用于处理高氨氮污水，平均去除率可达 93.4%。日本为渡良濑蓄水池修建的人工芦苇湿地不仅使得蓄水池的水质得到明显改善，而且使得水体生物多样性也有所恢复。

（三）生物促生技术

生物体都需要从外部环境摄取生命活动所必需的能量和物质，以满足其生长和繁殖的需要。微生物的生长过程即是降解污染物的过程，其需要的营养物包括碳源、能源、氮源、生长因子、无机盐和水六大要素。碳源构成了细胞的骨架，进行生物降解的异养菌可利用多种有机物能源为微生物生命活动提供能量来源。对各种异养菌来说，不少碳源也是能源，这些有机物具有双重的营养功能。氮源是合成蛋白质和核酸的物质，某些微生物的无氧呼吸利用硝酸盐氮作为末端电子。受体生长因子是一类对微生物正常代谢必不可少的且不能用简单的碳源或氮源自行合成的有机物，其组成成分含有维生素、脂肪酸和氨基酸等，它们在微生物的新陈代谢中起到重要作用。许多维生素是组成各种酶的活性基的成分，没有它们，酶将失去作用，辅酶能提高微生物对底物的利用率。氨基酸是组成蛋白质和酶的结构物质，而蛋白质是生命活动的体现者，脂肪酸是合成细胞膜类脂的成分，有利于微生物的新陈代谢。微生物除氮素以外还需要如磷、硫、钾、镁、钠等无机元素，磷是核酸、ATP 和细胞膜的重要成分，硫是某些氨基酸和维生素的成分。因此，营养物的缺乏常常是水体微生物降解污染物的主要限制因子，向水体投加部分营养物质或富含生长因子的生物促生剂，能有效促进土著微生物的生长，提高水体净化效率。生物促生技术在水污染控制领域的核心技术包括微生物促生技术、微生物解毒技术和小分子有机酸提炼技术。

（四）活性酶技术

微生物酶是指起催化生物体系中特定反应的、由微生物活细胞产生的蛋白质。作为催化剂的微生物酶，它可以加速三种反应，即水解反应、氧化反应和合成反应。微生物酶可以在活细胞内进行催化作用，也可以透过细胞作用于细胞外的物质，前者称内酶，后者称外酶。酶的催化过程是一个两步反应：$E + S \rightarrow ES \rightarrow E + P$（分别为：酶、基质、复合物、酶、底物）。酶具有专一性。酶的活性受环境条件的影响十分显著，主要的物理环境条件，即温度、需氧量和 pH 值，这些条件是废水生物处理过程中的最重要因素。

（四）河流水体曝气增氧技术

1. 曝气增氧的主要功能

污染严重的河道水体由于耗氧量大于水体的自然复氧量，溶解氧很低，甚至处于缺氧（或厌氧）状态。向处于缺氧（或厌氧）状态的河道进行人工充氧（此过程称为河道曝气增氧）可以增强河道的自净能力，改善水质，改善或恢复河道的生态环境。

河道曝气增氧工程因其良好的效果和相对较低的投资与运行成本，成为发达国家如美国、德国、英国、葡萄牙、澳大利亚及中等发达国家如韩国、中国在中小型污染河道乃至港湾和湖泊水体污染治理中经常采用的方法。人工增氧主要功能包括以下方面：

（1）消除有机物污染和黑臭。在有充足氧气和丰富的好氧微生物的条件下，有机物污染指标 COD 和 BOD 明显下降，黑臭现象消失。湖底的有机物降解所产生的甲烷、硫化氢等有毒和有害气体被去除。

（2）减少水体营养盐含量。充氧后，抑制了湖底厌氧菌的有机质分解过程，使湖底氮、磷营养盐的释放量减少。同时，好氧微生物的活动，加速了底质的无机化过程。磷可以与水体中的钙相结合，形成不溶于水的化合物，而沉降于湖底，从水中去除。

（3）消除藻类水华。水中曝气造成的水层对流交换条件，使表层蓝藻水华难以形成。表层水中的藻类被转移到湖底或下水层，因光照条件改变，难于维持生长，抑制了藻类的繁殖。

（4）改善水色及透明度。被污染的水体中的多种无机和有机悬浮物、活的浮游植物及死亡的残骸、大型水生植物碎屑、分解的有机体碎屑等是影响水色和透明度的主要物质。水体曝气增氧后有效地抑制藻类过度繁殖，从而减少水中有机质，使水体透明度提高，改善水色。

（5）减少底泥内源污染。水体增氧后，湖泊底质表层含氧量增加，好氧微生物活动趋强，通过微生物的代谢过程促进底泥有机污染物的降解，逐步形成无机化底质覆盖层，阻断内源污染。

2. 河流增氧设备

现有的河流充氧设备种类很多。从设备工作原理来看，常用的河流曝气设备可分为：鼓风机—微孔布气管曝气系统；纯氧增氧系统；叶轮吸气推流式曝气器；水下射流曝气器。

（五）河流的水动力调控技术

1. 水动力调控的作用

对平原河网地区实施水流调度主要是为了改变或控制水流流向和流量，达到"以动致静，以清释污，以丰补枯，改善水质"的目的。实现区域河网水流调度必须具备三个先决条件：一是比较完善的泵闸系统，通过泵闸的开启与关闭，完成水流的调度；二是比较丰富的水量资源，满足水流内、外循环的要求；三是河流上、下游能人工控制形成一定的水位差。

水动力调控的主要作用：通过优化水体水利循环的推动形式、布置位置和形式、动力参数及辅助管网的布置，使水体实现缓慢而均匀的流动；通过流动形成的水体交换，使水的体外处理成为可能；流动所造成的表面更新为加快大气复氧提供了条件，有利于增强水体的自净能力，污染物氧化加快，改善水体生物的生存环境；降低运转费用，使处理成本更为经济合理。

2. 流向和流量控制

控制流向和流量是实施河网水力调度，改善调水水体水质的关键。为改善河网地区一定区域范围内河流的水质而实施的综合调度，调度中水流流向要依照下列原则进行控制：

（1）有外来清水水源保证的前提下，流向的控制要最大限度地增加调水流经的河道，提高区域内河道的清污比和水流流速，改善河网的水动力条件。

（2）没有外来清水水源时，要因地制宜，通过河网内部泵闸的开启与关闭控制水流流向，控制污染物进入主要河道，并保证河道内污染物及时排出。

（3）静态河网、动态水体、科学调度。科学、合理地调度泵闸系统，充分利用水资源，尽量使水体流动起来。

（六）河流污染底泥的治理技术

河流中沉积物与悬浮物是众多污染物在环境中迁移转化的载体、归宿和蓄积库。沉积物又称底泥，城市河流的底泥由于历年排放的污染物大量聚集，已成为内污染源。在外源污染源控制达到一定程度后，底泥的污染将会突出表现出来，成为与水质变化密切相关的问题。河流底泥中的污染成分较复杂，主要污染物为重金属和有机污染物等。底泥中的 S 和 N 含量较高，是河流黑臭的主要原因之一。当河流污染较严重时，底泥污染物的释放对上覆水质的影响不明显。河水污染程度减轻、水质改善后，污染物浓度梯度加大，底泥中的污染物释放就会增加，造成污染。

1.底泥污染物的种类

（1）重金属。重金属通过吸附、络合、沉淀等作用沉积到底泥中，同时与水相保持一定的动态平衡。当环境化学条件和水力紊动条件发生变化时，重金属极易再次进入水体，成为二次污染。

（2）有机物和营养元素。经各种途径进入水体的有机物和 N、P 等营养元素吸附在悬浮颗粒上，其中相当一部分沉积到底泥中。水生植物的根系、茎叶死亡残余物以及浮游植物等沉降到水底也会污染底泥，使底泥的水—固界面耗氧。更重要的是，底泥扩散和冲刷起动引起的再悬浮会向水体大量释放有机污染物，成为水体不可忽视的内污染源。

（3）难降解有机物。PAHs、PCBs 等有机物，由于疏水性强，难降解，在底泥中大量积累。通过生物富集作用，有毒有机物可以在生物体内达到较高的水平，从而产生较强的毒害作用，甚至通过食物链还可能危害到人类。

2.污染底泥的治理方法

底泥的污染归根结底是对水体的污染和底栖生物的危害，如果能消除其对水体和底栖生物的污染，就能有效降低污染底泥的环境影响。因此，底泥污染的控制既可采用固定的方法阻止污染物在生态系统中的迁移，也可采用各种处理方法降低或消除污染物的毒性，以减小其危害。底泥的治理有以下几种方法：原位固定、原位处理、异位固定和异位处理。原位固定或原位处理是底泥不疏浚而直接采用固化或生物降解等手段来消除底泥的污染；异位处理或异位固定则是将底泥疏浚后再行处理，消除其对水体的危害。

（1）疏浚。环境疏浚是以清除及处理水体中污染沉积物为主要任务的环境工程。它是一种与传统疏浚工程相交叉的边缘工程技术。它的主要目的是通过污染底泥的疏浚去除底泥所含的污染物，清除污染水体的内源，减少底泥污染物向水体的释放。环境疏浚工程的特点分为以下几点：

①疏浚精度要求高。通常情况下，水域中污染底泥厚度不均，变化较大。疏浚中既要去除污染底泥，又要尽量减少非污染底泥的超挖，以避免破坏河流底部的自然河泥层。同时也要降低污染底泥的处理量和处理费用，因此对疏浚设备的精度要求大大高于一般航道疏浚或水利疏浚。

②防止疏浚工程中的二次污染。在普通航道或水利疏浚中，无须考虑疏浚过程中底泥或泥沙的再悬浮问题，在不影响工程生产量的前提下，输送过程中即使少量泄露也无关紧要。但在环境疏浚中，防止污染底泥或泥浆的二次污染异常重要。因此在设备上也要有特殊的装置和措施，以保证污染物有效清除，避免对水体及周围环境造成二次污染。

③污染底泥的安全处理处置。清除出来的污染底泥要采用适当技术进行处理，以防止对堆场附近的地下水及其他环境造成新的危害或潜在威胁。疏浚后淤泥的处理是环境保护的一个难题，疏浚污泥以其量大、污染物成分复杂、含水率高而难于处置。目前，国内由于经费的限制，多采用农田施用和填埋处理，污泥的利用价值低，处理不彻底，又极易造

成二次污染。也有采用物化或生物处理方法加强对疏浚污泥的处理力度，先使其达无害化，然后用作建筑材料或路基材料以代替黏土。这种方法即可节省黏土的用量，减少对土地资源的破坏；另一方面又充分利用了污泥，减少了处置费用，节约了用地，一举多得。

（2）掩蔽。掩蔽是在污染的底泥上放置一层或多层覆盖物，使污染底泥与水体隔离，防止底泥污染物向水体迁移。采用的覆盖物主要有未污染的底泥、沙、砾石或一些复杂的人造地基材料等。与其他技术相比，掩蔽花费低，对环境潜在危害小，同时能有效防止底泥中 PAHs、PCBs 及重金属进入水体而造成二次污染，对水质有明显的改善作用。但掩蔽存在工程量大，需要大量的清洁泥沙，来源困难等问题。同时掩蔽会增加底泥的量，使水体库容变小，因而不一定适用于河流、湖泊和港口，而更适用于深海底泥修复。

（3）生物修复。生物修复是利用生物体，主要是用微生物来降解环境污染物，消除或降低其毒性的过程。生物修复包括以下几点：

①原位生物处理。通过外加具有高效降解作用的微生物和营养物，有时还需外加电子受体或供养剂，在原地直接分解污染物。

②异位生物降解。对有机污染严重的疏浚底泥进行处理，首选的方法是生物降解。

③基因工程菌的研制。巴西律等人将 PCBs 降解基因转入假单胞菌中，使其变为能利用 PCBs 作为唯一碳源生长的菌株。该遗传工程菌株在土壤中竞争生存良好，能长期在污染土壤中存在。

第三节　多自然型河流整治技术

一、多自然型河流的概念

1989 年生态学家提出生态工程的概念，它是指以生态系统的自我设计能力为基础，强调透过人为环境与自然环境间的互动实现互利共生的目的。生态工程所重建的近自然环境，能提供日常休闲游憩空间、各类生物栖息环境、防洪、水土保持、生态保育、环境美化、景观维护、自然教育及森林游憩等功能。因此，此类生态工程基本上可归纳为"遵循自然法则，使自然与人类共存共荣，把属于自然的地方还给自然"。

20 世纪 90 年代初期，日本在生态工程的基础上提出创造"多自然型河川计划"，通过进行多自然型河流治理（多种生物可以生存、繁殖的治理法），以"保护、创造生物良好的生存环境与自然景观"为建设前提，在再生生物群落的同时，建设具有特定抗洪强度的河流水利工程。河流水利工程包括：保护和创造水边"自然景观"；生物的多样性；在河流中有流速和水深各异的多种环境的存在；利用植物、木材、石料等"自然材料"之间的间隙，形成多孔的空间；确保水和绿化的连续性，形成与陆域之间的网络；依靠河流的蓄水功能和自净能力，确保其水量和水质；在野鸟的生息地与堤内地之间做一道"屏障"，为生物构建一个安全的空间。

在建设多自然型的河流中，重点是形成具有魅力的水边环境。这也是水环境内涵的一种延伸，使人与水、自然可以接触的水边环境大致由空间环境、生物环境和水环境三部分组成。其中，空间环境（心旷神怡、富有情趣的环境）包括：景观功能（水边景观的综合构思、挖掘历史和人文的水景观）；散步功能（林荫小道和休闲设施的建设）；亲水功能（亲水通道、水面线处护岸的建设）；休闲娱乐功能（与洪水淹没区及散步便道形成一体的多功能广场的建设）。生物环境（适宜于水边生物生存的环境）包括：动物生息功能（适宜鱼、水鸟、水生昆虫生存的小溪、深水河道等恢复和建设）；植物生长培育功能（具有丰富水边植被的河边林带的建设）；自然环境保护功能（与周边自然环境的连续性）。水环境（清澈、丰富的水流环境）包括：净化水质功能（水边所具有的自然净化功能的保护和建设）；确保水量功能（雨水收集、储存、渗透等汇水功能）。

二、多自然型河流技术方法

（一）多自然型河流技术方法的原则

多自然型河流技术方法是一项复杂的工程，涉及生态学、水生生物学、水文与水力学、气象学、地貌学、工程、规划、信息与社会科学等诸多学科。多自然型河流技术方法是把水边作为多种生物生息空间的核心，并把河流建设成尽量接近于自然的形态，即把自然河流的状况作为样本，在确保防洪安全的基础上，努力创造出丰富自然的水边环境。为此，需要按以下原则加以考虑：

（1）创造出多样的丰富的环境条件。河道结构方面的多样性，可以创造出多样的丰富的环境条件，形成丰富、稳定的生态体系。一般而言，自然的河流具有如下的特征：①河岸线不规则，河道横断面宽窄不一；②河流有冲有淤；③纵断面和横断面的坡度有缓有急，并形成浅滩和深水；④在不同的河段，均有与之相适应的植物、动物的生存，可促进优美景观的形成。

（2）尽量顺应自然的动力。砼护岸使环境条件模式化，并使生物种类单一。如果顺应河岸的冲刷和淤积，就可以对新的生物物种提供生存的可能性，尽管这是十分困难的。为了建设多样的丰富的河流，为了顺应自然的动力，需要保留十分充裕的河流区域。

（3）建立水和绿化的网络。像树林那样点状的局部生态体系，像河流那样线状的局部生态体系，如果它们分别孤立地存在的话，作为生态体系，就十分单调，而且会威胁生物物种的生存。但是，如果它们之间通过水和绿化实现网络化的话，生物物种就会变得丰富和稳定。因此，在城市中除了进一步增加绿化外，还需要使护岸和河床三面均使用砼的河道恢复其自然状态。这样，也可以提高城市的环境舒适程度。

（二）多自然型河流技术方法的具体内容

1. 河道治理技术

河道的治理主要是改造河道流向及河床的物理特性，即创造出接近自然的流向，水流要有不同的流速带。具体来说，河流低水河槽（在平水期、枯水期时水流经过）要弯曲、具蛇形，河流既要有浅滩，又要有深潭，河床要多孔质化，形成的水体流动多样性要有利于生物的多样性。

为营造出有利于鱼类等生长的河床，日本常将直径 0.8 ～ 10m 大小的自然石经排列埋入河床，造成深沟及浅滩，以形成鱼礁，这种方法被称为植石治理法或埋石治理法。植石治理法适用于河床比降大于 1 ／ 500、水流湍急且河床基础坚固的地方，使用植石治理法后，即使遇到洪水，植石带也不会被冲失，枯水、平水季节也不会被沙土淤塞。另一种常用方法为浮石带治理法，适用于河床为厚沙砾层，平时水流平缓，洪水来时凶猛的河床治理时采用，即把既能抗洪水袭击又可兼作鱼巢的钢筋混凝土框架与植石治理法相结合的治理法。

此外，水面在景观中占绝大比重，水环境景观优劣决定整个景观效果。为了营造自然生态的河道，对河床进行科学处理，遮盖河床工程的人工痕迹，处理方式有以下两种：

（1）浅水卵石河床。在河道浅水区铺设各色卵石，通过光照变化，反射出不同色彩，使河道颜色变化，同时也减缓水流对河床的冲刷，有利于水生动植物筑巢扎根。

（2）水底植物河床。在河道上游的浅水区和河水流速较缓的人工湖，河底可放置营养土，种植水草，绿化河床。

2. 河岸治理技术

多自然型护岸是一种被广泛采用的生态护岸。生态护岸是指恢复自然河岸或具有自然河岸"可渗透性"的人工护岸。它可以充分保证河岸与河水之间的水分交换和调节功能，同时具有抗洪的基础功能。

（1）生态护岸的特征

①可渗透性。河流与基底、河岸相互连通，具有滞洪补枯、调节水位的功能；

②自然性。河流生态系统的恢复使河流生物多样性增加，为水生生物和昆虫、鸟类提供生存栖息的环境，使河流自然景观丰富，为城市居民提供休闲娱乐场所；

③人工性。生态护岸不一定是完全的自然护岸，石砌工程也可以增加河流的抗洪能力和堤岸持久性；

④水陆复合性。生态护岸将堤内植被和堤岸绿地有机联系起来，为城市绿色通道的建设奠定坚实的基础，同时建立人工湿地，利用水生植物的净化处理技术增强水体的自净能力和水体的自然性。

（2）生态护岸的主要功能

生态护岸是在保证护岸结构稳定和满足生态平衡要求的基础上，营造一个环境优美、空气清新、人人向往的舒适宜人环境。水体生态护岸的设计兼顾了自然发展和人类需要的共同需求，使人类和自然真正达到和谐、统一，主要包括以下五个功能：

①物能交换，水源涵养；

②生物生态系统；

③滞洪补枯，调节气候；

④增强水体的自净能力；

⑤增强城市的生态景观。

生态型河岸分为非结构性河岸和结构性河岸中的柔性护岸两类。非结构性河岸在景观效果、生态效果、经济方面较具优势；柔性河岸在安全性、游憩功能和适用范围方面优于非结构性河岸。因此，根据护岸自身的特点和适用范围，在选择使用中需要根据水岸的具体情况，综合考虑经济、环境和景观等要素，确定断面形式及组合方式。

城市河道水体建设应以体现城市的特色风貌，反映地方文化及体现开放、发展的时代精神为规划设计的基本点，立足山水园林文化的特征，创造具有时代感的、生态的和文化的景观。生态设计需要坚持持续性原则，应该保护护岸原有的生物特征以及维护自然景观资源，维持原有的自然景观生态过程及功能，这是保持护岸生态持续性的基础。它们对保持护岸区域基本的生态过程和保存生物多样性以及生态系统的完整性具有重要意义。把整个河道的景观作为一个整体考虑，对整个河道景观综合分析并进行多层次的设计，方式上要依地就势，追求自然古朴，体现野趣，考虑景观和生态的要求，使整个河道的利用类型、格局和比例与原有的自然特征相适应，也就是要坚持设计的自然化。

针对不同地区的河道，要依照不同特点设计出不同特色的生态景观。要选取不同的结构、格局和生态过程，更要注重原有环境资源中的变异性和复杂性，同时也要注意各方面之间的相互衔接、呼应，各具特色，联成整体。并要考虑周围城市居民的要求，建设一些与城市整体景观相和谐的水体公园，使城市河流两岸周边的空间成为最引人入胜的休闲娱乐空间。力求做到生态、社会、经济三大效益协调统一、同步发展。

3. 河岸带植被恢复技术

河岸带具有廊道、缓冲带和植被护岸等功能。河岸带的生态恢复与重建，是修复丧失的河岸带植被和湿地群落的延伸，通过种植水生植物以及为水生动物营造栖息环境，吸引河流中的各种水生动物，修复河水中的生物链，达到丰富水体和净化水质的目的。另外，水生植物本身可以提高河道本身的自净能力。

河岸带水生植物的选择可根据坡面的三个区域，即根据常水位以下区、水位变化区和洪水位以上区三个区域的不同特征来进行选择。常水位以下区由于常年浸泡在水下，因此可选择一些耐水性的、对水质有一定净化作用的水生植物，如芦苇、水葱、野茭白等。水位变化区是受风浪淘蚀最严重的区域，因此宜选择深根类且耐淹的灌木或半灌木植物，如灌木柳、沙棘等。洪水位以上区是指洪水位到坡顶之间的区域，该区域植被的主要作用是减少降雨对坡面的冲刷、防止水土流失及美化环境等，因此可与景观规划结合起来，选择一些观赏性强，同时又耐旱、耐碱性的植物，如百喜草、狗牙根、苜蓿等。具体应用时还应充分考察当地的乡土植物，因地制宜。

（三）河道的生态线形设计

天然河流具有浅滩和深潭的交替结构。河流中浅滩和深潭是水生生物不同生命周期所必需的生存环境，河道的直线或渠道化常常会破坏这些地带。河道整治工程削减的洪水效益往往被生境多样性减少引起的生态损失所抵消。从生态学的角度看，弯曲的河流具有更高的生态效益，如减少水土流失、扩大生境面积、增加生境多样性等。因此恢复河道的曲线流行对提高生物多样性、增加物种、维护生态结构具有促进作用。生态恢复的过程就应该尽量恢复河道的最原始模样，呈蜿蜒弯曲的河道是其最自然的形态，对河道进行设计时应该尽量使其呈曲线。

河道沿岸植被形态的设计也是河道生态线形设计的一个方面，为了使尽量多的植物都充分接受光照，在植被种植上就应该对其进行规划。垂向结构上应该分层次种植不同植被，从草丛到灌木丛再到乔木，每一层种一类植被，充分利用空间结构。水平结构上应该按由河道向内陆发展的层次种植不同植被，不同的生态物种会适应不同的生态线形结构，最终找到最适合自己生存的栖息地。

河道的生态线形越接近自然状态则越能恢复其原始状态，生态物种的种类也会越多，因而在生态线形设计方面应该统筹兼顾，尽量使人类和自然协调发展、共同进步。

第四节　城市河流景观设计技术

一、河流景观的构成

河流必须要有防洪、水利、环境三种功能，河流的规划要满足这些功能，并求其间的平衡，所以规划时要从整体的统一性方面加以协调。在具有这些目的的河流景观设计上，景观设计有以下几个特点：

（一）对象的综合性

在河流的景观设计过程中，在各种意义上收集沿河景物，探求其间的相关性，以开展整体风格的规划，这就是河流规划中景观设计意义上的一个着眼点。

（二）对象的日常性

河流的构筑物一般是按防洪等非日常现象的评估而设计的，可是将这些具有防洪功能的构筑物作为日常风光鉴赏时，也会产生不协调感。在景观设计上，需要将它融为构成日常风景的一个要数来理解，要正确地表现出河流所具有的功能。该着眼点的意义就是要得到河流在日常景观中的协调感。

（三）透视形态的设计

不仅是河流规划，即便在通常的设计行为中，所用的图形表达方式也不外乎平面图、剖面图等。在景观设计中，必须要对平面图、剖面图中的形态加以研究，更要对透视形态的表达方式加以研究。具体说，要用概念草图、透视图等能表现透视形态的图纸或制作模型，以便对之进行立体观察。

二、城市河流景观设计的内容

（一）水边设计

1. 护岸形式和材料

（1）护岸形式

①直立式护岸和陡坡护岸（混凝土护岸、钢板桩护岸）。这些护岸可以通过护岸材料和缓顶端的处理（部分采用土坡、植物修景，采用压顶装饰等），使之发生变化。

②带胸墙的护岸。通过抬高路面的位置直到看到水面，或采用使步行道与护岸连成整体等方法，以保证河流同沿河道路的连续性，还要充分照顾到堤内的车道和建筑物的合理配置。

③缓坡护岸。缓坡护岸由于很容易接近水面，所以人流也容易集中。护岸应尽量采用土（带草）质接近自然的材料。水边部位要根据河流的特点和水质等情况，在步行道处理、考虑水生植物和鱼类繁殖的河底加固、兼作鱼巢的处理和具有亲水性的阶梯等方面下功夫。

中小城市的河流因平时水量少，河床横剖面形状成复合剖面，所以应在营造出相当的水流和浅滩、渊潭、河滩等景物的同时，还要确保高河滩应用时的亲水性。城市河流在以防洪功能为中心的情况下，河床的三个面均为混凝土，河床变得平滑，再加上淤泥堆积等原因，河床丧失了多样性。为此，如果河床剖面有宽余的话，可以将河床做成凹凸形，为使鱼类容易繁衍，在河床中可以投入些毛石。

（2）护岸材料

护岸材料多用砌石和混凝土，土和木桩较少。按照沿河的土地利用和河流条件来选用材料，使之尽量避免同周围城市之间产生不协调的感觉。另外还需要按所追求的自然环境来选择材料，例如，使用当地的材料以及易于萤火虫生息的材料。

2. 治理形式

作为具体的治理可分为三部分：从市区连接沿河道路的通道；通向河边的道路与沿河道路的交汇点；从沿河道路通向水面的接近方式。

（1）通向河边的道路。通向河边的路是已有的绿色通道、交通干线的人行道、商业街的步行道、上学专用道等。另外这类通向河边的路还可以灵活运用，兼作紧急疏散时到河边和对岸的疏散道路。要考虑使路面的铺装有特点，一直连通到河边，或者在标志上下功夫，或者在小水渠和路沟上下功夫，沿着流水的方向通向河边等。

（2）通向水边的路和沿水边路的交汇点。这个交汇点就是街道和河流结点，是眺望河流或走向水边的重要场所。从形态上分为十字交汇（桥）和 T 形交汇两种。由于都是步行人流交汇（或与车流交汇），必须使交汇点形态鲜明。例如考虑改变交汇部位的路面铺装、栽植成为主要街景的植物带、建设桥头广场等能保证小憩的空间。

（3）从沿河道路向水面接近。由于通向水边的路设置在河流区域内，所以必须注意防洪的要求（不改变河槽容积，原则上河床向下游方向降低）。

在设置场所需要研究的内容是，与通向水边路的关系、河滩、浅流、渊潭及水生植物等对河流的景观价值、亲水活动等。不管怎样，从人流容易记住的河岸和桥等眺望场所通向水边是适宜的，接近的方法可以是阶梯和坡面，坡度和宽度要根据利用情况和河宽等来决定。

3. 水量和水质

利用城市河流时，确保河流的水量、水质是一个大问题。水量和水质具有怎样的指标对河畔景观有很大的影响，并决定了利用设施的最佳方案。如果不考虑这种关联而对设施进行改造，就会与景观不协调。对水量、水质应注意以下几点：

（1）保证水量。从其他河流和干流引水的问题关系到各河流的维护和流量控制，所以必须慎重研究。另外要灵活利用地下水，建筑物地下室的渗水和地铁中的渗水都排放到下水道中，这种情况应予调整。为了保证表现水量，可采用：①缩小平时的流水面；②利用落差结构、河床加固结构、堰等营造出平静水面等方式。当采用①时，控制适当的流速和水深，可组织成浅流、渊潭、河滩等景观。采用②时，可通过平静水面的跌落水流产生水流的对比和变化。在大河上游也可以利用堤内积水划船，无论如何都不能有碍于防洪，在拟保证一定水量时，把几种方法组合起来，有希望达到预期水量。

（2）保证水质。任何一种水质净化对策都要长期坚持，而且没有上、下游地区的同心协力是不能实现的。所以必须制定长期的、阶段性的目标，这里着重介绍和景观密切相关的方法。

（3）水生生物作用。在城市河流中搞水上活动时，河流中有没有生物会使活动内容大不相同，从而治理河流的设计也不一样。在水生生物中最常见的是鱼类，各地常放养鲤鱼和鲫鱼等鱼种，但依然有必要在慎重研究当地河流的水质和水深等栖息条件后再来选择鱼种。红鲤鱼在水中特别醒目，但这种鱼原本不是河流中生活的鱼种，所以除特殊场合外，不宜放养。无论如何，为了鱼的生长，作为饵料的藻类、水草、昆虫等的繁殖是不可少的。这样一来，仅设置鱼巢是不够的，必须有让河流形成多种水滨环境的着眼点，使河流能形成浅流、渊潭及河滩等。

4. 水边路

（1）水边路的类型。沿河边的路大致可进行如下分类：①管理用道路，禁止普通车辆通行；②管理道路和车辆道路兼用；③利用坡底加固段和高河滩做道路。

城市河流空间为宝贵的空间，是人们休闲和娱乐的场所，所以把这些道路尽量作为步行道（包括自行车道）使用是很重要的。在沿着河流散步的过程中，人们注意到河流的存在，从而从城市生活中回归到河边的大自然中。为此，必须考虑到，管理道路上不准普通车辆通行，即使通行也要人车分开，或者不能交叉并且减速等。

利用坡度加固段和高河滩的道路，尽量设在接近水面的位置，可以使亲水效果更好。这种方法可以在大河上利用高河滩做步行道，或做自行车道。中小河流因为地域狭窄，可以利用坡底加固结构，在其顶面设步行道，或者在河道上盖步行道平板，这些实例都较常见。当然在修路时保证原有用地是最好的，不管怎样都要满足防洪需要，对水生物（鱼、昆虫、水生植物等）也要考虑周详和灵活培育。

利用坡面底端加固结构和高河滩做道路设计，应按水边利用的最佳状态来决定道路距水面和护岸顶面的高度、路面材料、路宽等。

（2）护岸和水边道路的整体设计。护岸和水边道路的整体设计方法大体可分为强调边界流畅法和模糊法。

（3）铺装材料。在河流景观构成上，沿河道路是仅次于护岸的重要景物。所用的铺装材料有土、沙、石、沥青、混凝土、砖、木砖、混凝土砌块等。选择上要和沿河道路的风格（属步行道还是车行道）、护岸材料及沿河的建筑物协调。

（4）材料的搭配。不仅使用单一的材料，也可用几种材料搭配，丰富道路的造型。

5. 滨水建筑

一般为了建设有魅力的街景，最重要的不是要抹杀单个建筑物的特点，而是要力求同地区风格和周围的建筑物相协调。为此按照一定的原则通常用法规引导的方法去确定建筑物的色彩和造型。应用时，也不能死板地加以约束，可以在一定范围内灵活处理，具体包括以下几方面：

（1）建筑物的背面对策；

（2）改善水边的光照条件；

（3）水边空地的保留和利用；

（4）推进绿化；

（5）商业、办公用地规划；

（6）住宅区规划；

（7）工业用地规划。

（二）河边的小景物

河边要有适于河边风格的设置，比如栅栏、长椅、公告板、减速路障等。作为河边的小景物，是通过细部来表现景观的。这些小景物具有如下特点：同护岸等其他河流建筑相比，这些设施耐用年限短，还要按街道的变化和利用的变化来改造，所以要进行细致管理。小景物不只是满足符合河流和街区个性所表现的功能，由于设计时的灵活性较大，所以可以做出富于弹性、创造性的设计。

1. 栅栏、护栏

城市河流多半采用陡坡护岸并且河床很深，又因沿河的交通量大，所以设置防护栏和防护栅的情况很常见。

城市河流多为直线河道，防护栅的网格方向不论纵向还是横向，都应是透视性好的构造。纵向是视线顺着水流方向，防护栏的色彩呈一个面。另外，防护栏不仅要有保护功能，也应考虑其他用途和将来的利用，还要在形态和设置方法上下功夫。已有的栅栏、护栏可作为修景来处理，用涂刷新的颜色覆盖灌木和常青藤类植物等方法。

2. 休息设施

在人们常积聚的地带应该设置休息设施，尤其是长椅、垃圾箱、烟灰缸、厕所、喝水的地方等设施都是必备的。设置的地点最好是在桥头与通向水边道路的交会处、邻接公园等人流多的地方。设在堤外不方便，原则上以能从堤外搬到堤内来为前提。

3. 标识、导向板

作为河流各种信息的传递方法就是设置标识和导向板。同河流有关的标识和导向板可分为如下几种：河流管理的标示板；警告、专用许可等的标示板；包括街区在内的导向板，地图等。其中任一种都应使市民容易看懂，并且是能表达河流真谛的上品。而且，不能以标示这种单一目的而设置，应成为引人注目的设施和地区标志，具有同其他设施一体化的复合功能，还应起到改善河流标识组织的作用，可把河流和街区有机地联系在一起。

4. 临时结构

预计今后在城市河流中，用于水上活动的利用将日益增多，随之而来要增添必要的设备。尤其是临时利用（搞活动和节日庆典）和季节性的利用，设置一些临时设施是必要的。这类设施，在用来举行一些活动的同时也要营造出河流的风光。

（三）绿化设计

同河流成为统一一体的绿色植物是重要的景物，它作为线形绿化带构成了城市公园的绿地系统。目前河畔绿化从防洪的角度上受到很多限制，并非按景物的需求自由设计。但可以在植物栽植基准的范围内进行各种技术性试验。绿化设计包括以下几方面：

1. 树种、栽植

植物栽植设计应注意的基本事项有如下两点：地区及其场地的环境条件（气候、水、土壤等）；占地条件（绿化范围、周围土地利用等）。树种的作用是展示河流风貌，故植物物种结构的地方风格要与水统一风格。河水和绿化统一考虑，能发挥两者的互补效果。在设计水边植物的栽植时，如何同水的自然特性紧密配合，应该时时予以注意。

2. 槽谷河道的坡面坡肩绿化

槽谷河道按防洪的需求，河床疏浚得深；按管理的要求，又用铁防护栏围起来，大都呈现毫无生气的样子。这种河流空间绿化，在展示出河流的同时，还要表现出亲水性的特征。

在设计中，首先，要确保栽植的空间，在河岸坡面（高出设计高水位之上）和沿着管理用道路设置绿化带，在河流管理可及的范围内保证绿化用地。其次，栽植结构的配植要展示出整体感。为此，要做到：河水和绿化在视觉上有整体感；方便接近河岸；做到河流空间的统一。

3. 有堤河道的绿化

有堤河道的绿化主要包括堤防边侧地带、矮墙、高河滩的绿化。堤防边侧地带绿化指在土地有富余时，把堤防边侧地带填高，栽植包括乔木在内的各种植物。这能保证堤内外视觉的联系，对加强河流空间的独立性，组成植物繁盛的空间是有效的。目前，我们尝试改造了一些高规格的堤防，拓宽堤防占地，把堤防和堤内用地改造成一体。具体绿化可分为两种：

（1）矮墙的绿化。城市河流多在堤防上有矮墙，可参考大阪堂岛川的江心岛步行道和土佐崛川的墙面绿化方法。前者将胸墙和步行道做整体修整，用乔木、灌木、藤蔓植物等对河流空间进行绿化；后者为缓和墙面的无机材质形态，在背水马道上做绿化，用乔木和藤蔓植物对河流空间加以绿化。

（2）高河滩的绿化。一般采用复合剖面绿化高河滩。此时河流空间要作为开放的、眺望性的空间宝地存在于都市中。

4. 边界地带的绿化

（1）公共、公益设施的统一修整。在公共、公益设施相邻接时，应求得同河流一起做统一修整。对边界部位的绿化设计也要考虑双方空间的效果。

（2）请求私有土地主的协助。在城市河流中，相邻地带是住宅等私有土地的情况不少。在这种情况下，植花种草、进行绿化、对景观加以修饰，其效果亦很好。请求得到私有土地主的支持，官民一体来创建更丰富的河流景观是很重要的。

5. 绿化重点

用植物来绿化、修景并不只是说要尽量多植树木花草，而是要按照地区特点和功能来设计植物的形态才是绿化设计的根本，不过也有的场所通过植物栽植和修景取得了很好的效果，在这类场所栽植植物常有事半功倍的效果。

沿河需要修景的场所，除桥头、码头等人流集中的地带外，主要是在河道拐弯处的中轴景部位。这些地点是经常暴露在人们视线内的部分，也是作为交点形成河流和地区印象的重要地方。在这些重要地方栽种乔木，能形成强烈印象，可以使河流的整体印象更为深刻、更为亲切。用花草来修景，在市中心等部位还是必要的，能取得良好的效果，但是这种方法在管理方面很费事。

第五章　湖泊水质改善与生态修复技术

第一节　湖泊生态系统

一、湖泊基本概况

（一）湖泊的含义与面临的环境问题

1.湖泊的含义

湖泊是指"四周陆地所围之洼地，与海洋不发生直接联系的水体"，可以理解为由两个因素构成，一是封闭或半封闭的陆上洼地，二是洼地中蓄积的水体。湖泊按成因可分为构造湖、火山湖、冰川湖、堰塞湖、潟湖、人工湖等；按水体味道的差异可分为淡水湖、咸水湖、卤水湖；按水深的差异分为浅水湖、深水湖。湖泊水量的来源可分为流域降水和河川汇流。

湖泊是世界上许多地区最重要的水资源。我国 1km² 以上的湖泊共有 2 759 个，总面积达 91 019km²，占国土面积的 0.95%。其中，约 1/3 为淡水湖泊，主要分布在东部沿海与长江中下游地区，占全国淡水湖泊总数的 60% ~ 70%，且绝大多数为浅水湖泊。最大的淡水湖为鄱阳湖，最大的咸水湖是青海湖，最大的盐湖是察尔汗盐湖。

2.湖泊面临的环境问题

（1）湖泊萎缩与干涸，水面积锐减。由于气候变暖和人类活动的加剧，湖泊近几十年来普遍萎缩，部分干涸，导致区域生态严重恶化。

（2）污染严重，湖泊富营养化加剧。

（3）湖泊围网养殖过度，生态系统受损。

（4）流域水土流失加剧，湖泊淤塞严重。

（5）湖泊水生态系统退化，生物多样性受损。

（二）湖泊水动力的特征

湖泊水动力的特征包括：水的来源（河道汇流、径流、降雨）；水量的动态变化与平衡（降雨与蒸发、汇流与出流、取水与地下补给、排水）；吞吐量（用水力停留时间或者换水周期，水力停留时间的倒数，也叫水体交换率或水力冲刷率表示）；水团运动（密度流、吞吐流、风生流）；水的分层（影响竖向的传质，季节交替可导致垂直传质、加剧藻繁殖、生态失衡）。

湖泊水动力主要来自湖流、波浪、增减水、定振波。湖流是最重要的动力学指标，它决定了各类物质如泥沙、污染物质和各种营养元素在湖泊中的输移和扩散。根据湖流形成的动力机理，通常将湖流划分成风生流、吞吐流（倾斜流）及密度流。

1. 风生流

由风对湖面的摩擦剪应力和风对背面的压力作用引起，在黏滞力作用下使表层湖水带动下层湖水向前运动。

2. 吞吐流

是由于入湖河流水位高于湖水位，或出湖河流水位低于湖水位时，因重力作用产生的流动。在出、入湖湖口形成的流场称为扩散流，当出、入湖河口的流场连为一体时则形成湖泊的吞吐流。因此，吞吐流或扩散流受出入湖河川的水情控制，当出入水量及湖面比降显著时，流势即强，反之即弱。

3. 密度流

主要是指由于受湖盆形态的影响，湖泊中不同水域的水深不同。水层较薄水域在相同的外界环境条件下，加热或散热速度较快，形成湖泊在水平空间上的湖体水温的非均匀性，从而产生密度梯度并致使水体流动。

风浪不仅能够产生较强的风涌流，而且对湖底表层的浮泥还具有扰动侵蚀作用，特别是大风浪时可产生"兜底浪"，湖底大量浮泥会被再次掀起，使湖泊透明度发生剧烈变化，并且风浪对湖岸也有较强的侵蚀作用。

在太湖，由于湖面开阔，水深较浅，风能量易于传给整个水层，使得风生浪对风速的变化响应得很快。在一般天气时，风浪在50cm左右，当5～6级风时，波高可达1m左右，波长4～7m，有时可达8m以上，波浪可垂直侵蚀湖底。

当湖面受到气象要素的局部干扰，如湖面骤降暴雨，气压急剧变化和风力作用引起了风涌水时，都会引起湖面水位的变化。

增减水水位的变化主要取决于风程和风力的强弱，迎风岸的水位随风速的增加而上升，背风岸的水位则随风速的增强而下降。以太湖为例，在夏季东南风时，湖北面水位通常比南部高出3～5cm，当风力为7～8级时，水位可增高1.5m以上。

定振波又称静振，是湖泊表面具有稳定周期的一种长驻波运动。定振波的波长与湖泊长度为同一量级，它对湖泊中动量、热量、物质的垂直交换和水平交换具有重要作用。它是一种非定常过程中重力波引起的水体惯性震荡，表现为水位的周期性变化。所以震荡的振幅及周期随地点的不同而不同，振幅取决于风速大小，风速大，振幅大；风速小，振幅则小。周期与风速大小无关，它取决于陆周界，间接地取决于风向。

浅水湖泊中营养盐内源释放主要受制于水动力学过程，水泥界面营养盐的通量大，频率高，对生态系统的影响巨大。而深水湖泊内源释放模式主要以静态释放形式为主，并主要受制于水温及湖泊氧化还原环境等的季节性变化。

二、湖泊生态系统

湖泊流域的生态系统结构，一般可分为两大系统，四个层次的亚系。两大生态系统即流域陆生生态系统和湖泊水生生态系统。

流域陆生生态系统又可以按照生态区位划分成四个层面的亚系统，即高山森林生态亚系统；丘陵林农工业生态亚系统；平原农业生态亚系统；湖滨湿地生态亚系统。由于高原湖泊环境和平原湖泊环境的不同，平原湖泊流域的生态系统不一定如此完整。

湖泊水生生态系统分类：一是按岸上带、水陆交错带（湖滨带）、浅水带、深水带进行分类；二是按沿岸带、湖沼带、深水带、底栖带进行分类。此外，湖泊生态系统还可以进一步分为：宏观生态系统（包括湖滨带、浮游区、底栖区）和微观生态系统（包括根系、底质微生物、藻类、营养物质的底泥生态系统）。

湖泊水生生态系统受到来自周围陆地生态系统的输入物影响，各种营养物和其他物质可沿着生物的、地理的、气象的和水文的通道穿越生态系统的边界。能量和各种营养物在湖泊中的迁移是借助于捕食食物链和碎屑食物链进行的。

湖滨带其主要功能是截留、阻止陆源污染物质进入水域，并对其进行生物净化。因此，它是湖泊水域环境保护重要的生态保护带。

湖泊浅水区，无论是挺水植物，还是沉水植物和漂浮植物带，都具有湖泊水质自净的重要生态保护功能。

湖沼带的初级生产主要靠浮游植物，而沿岸带的初级生产则主要靠大型植物。水中营养物的含量是影响浮游植物生产量的主要因素。

此外，以浮游植物为食的浮游动物对营养物的再循环起着十分重要的作用，尤其是 N、P。各种大小不同的浮游动物所取食浮游植物的大小也不同，优势浮游植物的大小影响着浮游植物群落的组成成分和大小结构。反过来，浮游动物又被其他动物所取食，如昆虫幼虫、甲壳动物和小刺鱼等。

第二节　制定湖泊污染治理方案

一、湖泊环境问题的状况与分析

（一）湖泊流域环境的状况

湖泊接受来自流域的水和水中所含的物质，起着传递流域自然变化和有关人类活动信息的作用。流域给湖泊和湖泊环境带来了重要的影响，当水质受污染和发生富营养化时影响更甚。

湖泊环境基本状况调查包括流域自然地理特征调查、流域社会经济调查、湖泊形态特征调查、湖泊水量平衡和水文调查和湖泊资源利用现状调查。这些调查往往采用从有关部门收集现有资料的方法来进行。

1. 流域自然地理调查

（1）流域概况调查

①河流网和分水界；②流域面积、流域长度和平均宽度；③流域的形状系数和密集度。

（2）流域地质地貌调查

地质调查包括湖泊流域内的地质条件，通常指湖区矿物、岩石、地质年代、地层系统和地质构造调查；地貌调查包括地形调查、河流调查与湖岸类型及湖岸的变化调查；地形调查，包括流域高度分布、流域平均高度和流域平均坡度及起伏量；河流调查，包括入湖河流数、河网密度、主要河流的纵断面及其堆积物等；湖岸类型及湖岸的变化调查，包括湖岸类型调查、湖岸崩塌现状与原因及发展趋势、土岸的堆积和扩展。

（3）流域土壤和植被调查

流域土壤和植被调查在湖泊环境问题诊断中意义重大，调查内容包括流域土壤调查和植被调查两大部分。

（4）流域气候气象调查

该项调查包括流域气候特征，主要气象要素年、季、月变化与主要灾害性天气等。

（5）流域的自然保护区和湿地调查

该项调查包括自然保护区和湿地的面积、位置以及生物多样性特征等。

2. 流域社会经济调查

（1）人口分布特征调查

人口分布情况是反映某一地区环境污染类型、环境质量状况及经济发展水平的一项十分重要的指标，调查的主要内容如下：①人口总数、密度、出生率及人口增长速度；②城乡人口数量及占湖区总人口数的百分比；③人群健康状况；④常住人口数、流动人口数及两者占总人口数的比例。

（2）土地利用状况调查

按照目前国内土地利用类型的划分，结合湖泊富营养化调查的需要，一般要求调查到二级分类就行，根据流域面积确定土地利用类型及其土地利用比例。

（3）自然资源及其保护情况调查

该项调查包括矿产资源的种类、分布、储量及开采量，森林覆盖率、木材蓄积量、森林砍伐量，流域内的自然资源及生态类型，自然保护区情况以及风景名胜区等内容。

（4）经济、交通、能源状况调查

该项调查包括经济发展速度与污染物增加量的关系，以及生产布局和工业结构。其主要调查内容如下：①重、轻工业的企业数、产值及其占流域内总数和总产值的比例；②大、中、小企业数、产值及其占总数和总产值的比例；③全民所有制、集体所有制、乡镇企业（包括个体户）等企业数、产值及占总数和总产值的比例；④同时还应调查流域的农业结构、能源结构和交通体系等情况。

3.湖泊形态特征调查

湖泊形态特征调查包括湖泊面积形态特征调查，湖泊的容积、深度、底坡形态特征调查以及湖盆形状特征调查。

（1）湖泊面积形态特征调查。包括：①湖界；②湖泊的长度；③湖泊的宽度；④湖泊岸线发展系数；⑤湖泊水面面积；⑥湖泊的补给系数；⑦湖泊的岛屿率。

（2）湖泊的容积、深度、底坡形态特征调查。包括：①湖泊容积；②湖泊的深度；③湖底平均坡度。

（3）湖盆形状特征调查。包括：①湖岸；②沿岸带；③岸边浅滩；④水下斜坡；⑤湖盆底。

4.湖泊水量平衡和水文调查

湖泊水量平衡和水文调查包括湖泊水量平衡调查、水力滞留时间调查、湖流及湖泊的水文资料调查等。

5.湖泊资源利用现状调查

湖泊资源利用现状调查包括供水水源（城市饮用水水源、工业用水水源及农田用水水源）、水产养殖、防洪调蓄及航运、旅游疗养、水力发电资源、盐湖资源以及湖泊的调节气候功能等，并在调查后编绘湖泊资源利用现状图。

（二）湖泊环境问题的诊断分析

湖泊污染或富营养化是湖泊生态系统在各种外部因子综合作用下发生生物学反应的过程。任何一个湖泊的特定生态系统，总存在"驱使力（水量、营养盐和能量等的输入）—状态（生物量、水质参数等）"之间的响应关系；通过适当的方法来描述湖泊的"状态"变化并进而推断引起这种变化的原因（驱使力），这就是湖泊环境问题诊断分析的主要内容。

1.湖泊的主要环境问题分析

湖泊的主要环境问题分析包括如下内容：湖泊环境特征；湖泊流域环境现状；主要污染源问题；湖泊水质问题；水生资源开发利用和水生生物捕捞；流域自然保护及其变迁。

2.社会和经济损益评估

主要环境问题的社会和经济损益评估包括如下内容：水质污染的损益分析；湖泊资源破坏的损益分析；湿地、沼泽减少的损益分析；生物多样性保护费用分析；社会经济发展对环境的影响。

3.主要环境问题产生的原因

主要环境问题产生的原因有如下几方面：环境管理和行政管理方面；资源不合理开发，生态环境破坏方面；渔业的过度捕捞，水生资源减少方面；沿湖污染负荷过量排放，降低湖泊水质方面；其他方面。

4.法律、法规

湖泊环境问题诊断时，要依据如下法律、法规：有关环境保护法律；有关标准；湖泊自然保护区环境管理办法；国家制定的其他各种法律、规定、规范；已有的湖泊地区的保护条款。

5.拟进行的行动

为解决主要环境问题，拟进行如下行动：制定规划，包括环境规划、保护规划和流域可持续发展规划等；污染防治措施及行动方案，包括如下几项：今后的目标和任务；行动方案；防治措施等。

环境诊断分析的方法往往采取宏观和微观、定性和定量相结合的方法。在湖泊水质、富营养化评价中，定量诊断可采用水质指标、营养状态指数、生物指标等进行湖泊系统的现状评价，由果及因，发现问题并揭示引起湖泊环境问题的主要原因。

二、湖泊污染控制的目标

就湖泊富营养化控制而言，至少应该包括以下两个层次的控制目标：水质目标及污染物排放总量控制目标。其中，水质目标是核心。由于湖泊污染治理的系统性和复杂性，湖泊富营养化控制方案的目标往往具有阶段性和长期性的特点，也就是说湖泊富营养化的控制目标可以人为地分解成近期和远期目标。

（一）指导思想和原则

1.指导思想

湖泊污染控制目标的确定，通常应遵循如下指导思想：控源（污染源）和生态修复相结合；以磷为重点，富营养化控制为核心；实行综合整治，突出重点，抓住要害；确保饮用水源地环境，严防污染事故；依靠科技进步，强化法制管理和科学管理。

2.原则

湖泊污染控制目标的确定，还应遵循如下原则：应尽可能实现规划的湖泊水体使用功能，达到其环境质量标准；污染控制目标的治理费用应控制在可以承受的经济能力范围内；湖泊治理是一项非常复杂的系统工程，不可能一蹴而就，应从湖泊水质现状和使用功能出发，考虑湖泊富营养化控制目标在技术上的可行性；湖泊富营养化控制目标的确定应符合流域可持续发展的原则。

（二）控制指标

1.控制方案目标

（1）近期目标

①时段。近期目标时段一般可考虑3～5年（规划标准处始）。

②目标内容。工业污染源（可能的话可包括生活污染源）废水、污水排放达到国家规

定的标准；集中式饮用水源地 2 ~ 3 类标准（比现状改善一类）；主要出入湖河流达到地面水 2 ~ 3 类标准（比现状改善一类）。

（2）远期目标

①时段。远期目标时段一般可考虑 3 ~ 5 年（规划标准处始）。

②目标内容。大部分湖区水体基本解决湖泊富营养化问题；湖区生态系统转向良性循环；集中式饮用水源地达到国家有关标准。

2. 水环境质量指标

（1）富营养化与水质指标

①湖泊富营养化控制指标。TLIC（综合营养度指数）；

②湖泊水质指标。TP（总磷）、TN（总氮）、CODMn（高锰酸盐指数）；

③出入湖河流水质指标。TP、TN、CODMn。

（2）污染物总量控制指标

污染物排放量与入湖量控制指标：TP、TN、CODCr（化学需氧量）。

3. 污染物总量控制指标体系

污染物排放量与入湖量控制指标：TP、TN、CODCr。

通过上述湖泊环境问题的诊断和富营养化控制方案的目标确定，可以为湖泊富营养化控制方案的制定奠定科学基础。

三、方案的制定

（一）方案制定的原则

湖泊富营养化治理方案的制定过程应根据生态学原理，运用系统分析方法，分析并协调湖泊水环境系统各组成要素之间的关系，在保证湖泊水体功能及其水质目标的基础上，选择经济实用的污染控制方案和治理技术。在制定方案时，应遵循如下的原则：

1. 坚持"控源与湖泊生态修复相结合"的湖泊水污染与富营养化治理的基本理论；

2. 与社会经济发展相协调，与各行业部门的计划、规划相协调；

3. 以解决湖泊主要环境问题，治理重点污染区为主，优先考虑对饮用水源地的保护；

4. 以技术和经济为基础，对湖泊外污染源实行总量控制和目标控制，强化水质管理，协调污染源的排污负荷定额；

5. 采用最大限度消减外源负荷的总量分配原则；

6. 根据"规模经济性"原则，尽可能实行集中处理；

7. 实施以保护为主，合理开发且与防洪、水利、环境功能综合协调的原则。

（二）方案制定的程序

1. 湖泊生态恢复方案制定的程序

湖泊生态恢复方案制定的程序可分为四个阶段，即现场调查、分类区划、生态模式设计和方案设计。其制定的步骤包括如下几个方面：

（1）湖滨带和湖泊浅水区现场调查

自然地理特征，包括地形地貌、土壤植被、人口分布、土地利用状况、水利工程、排水取水口位置等；湖滨带长度、分布面积、生物种类和群落、生物量及开发利用现状；沉水植物分布面积，生物种类、群落及生物量与破坏情况等；湖泊湿地生态状况。

（2）分类区划

在调查的基础上，对湖泊的湖泊带和湖泊浅水区进行分析，找出问题，分类区划，为生态模式的设计和方案的制定做好技术准备。

（3）生态模式设计

由于湖泊水面大，生态工程多样化，一般采取以分类后的结果作典型代表性设计，即生态模式设计。

（4）方案设计

在上述基础上，可对整个湖泊的生态恢复方案进行设计。

2.外源污染控制方案制定的程序

对入湖的外污染源的控制，可根据确定的目标，按照污染物总量控制的原则，运用系统分析方法，分析并协调湖泊水污染系统各组成要素之间的关系。通过模型计算和预测湖泊的允许入湖负荷量和消减负荷量，并对外源进行总量控制分配，按照总量控制要求和根据总量分配情况，选择经济实用的污染控制方案和治理技术，进行控制方案的多方案比选。

外源污染控制方案制定的程序分为四个阶段，即目标设计、污染负荷分配、总体方案设计、综合评价。其制定的步骤包括如下方面：

（1）收集湖泊及其流域的自然地理、经济概况和湖泊环境质量等资料；

（2）根据湖泊水环境质量的要求，划分水质功能区，按各功能区生物污染现状和水资源的使用目标，确定相应的水环境质量标准；

（3）确定湖泊污染物允许负荷量，根据湖泊水质模式计算各功能区的允许负荷量；

（4）根据湖泊的入湖污染负荷量与湖泊的允许负荷量计算全湖的污染物消减总量；

（5）根据经济技术可行性，提出消减总量的分配方案，按照消减总量的计算方法和分配程序，从入湖河口或径流控制区入口反推，求出各沿湖河道污染源或径流控制区的消减量；

（6）确定重点治理区域及优先控制单元；

（7）从流域的观点出发，进行湖泊污染综合治理方案总体设计，制定污染源治理方案及其环境管理方案；

（8）进行总体方案的可达性分析及技术经济分析，使综合治理方案优化；

（9）进行总体方案的可达性分析及技术经济分析，并判断其可接受性。

（三）综合治理方案

1. 总体方案的制定

湖泊富营养化治理必须从流域的观点和生态系统的角度来认识，湖泊污染的直接结果是湖泊水质恶化，水生生态系统的结构失调，功能紊乱，造成水体富营养化。而造成这一情况的直接原因是流域内不合理的人类活动，因此，要治理湖泊污染，恢复湖泊的良性生态循环。首先，要控制污染源，从控制流域内的人类活动着手，消除人为干扰，控制危害湖泊水质和水生生态系统的外部污染物质过量输入，治理污染源，这主要包括点源污染治理、非点源污染治理和湖泊内污染源治理；其次，在控源的同时，开展生态修复工作，人们已经认识到，在某些情况下，仅仅减少水体的外部污染负荷，湖泊水质改善并不显著。因此，人们不得不考虑在污染源基本得到控制的同时，实施湖泊流域生态恢复与重建措施，以达到改善湖泊功能和恢复水生态系统良性循环的目的；最后，要加强流域环境管理，保证工程措施与非工程措施均能发挥工程效益。

总体方案的制定可以根据阶段目标、环境质量现状、社会经济的承受能力以及湖泊污染治理的要求，统一制定，分区治理，分期实施。采取的综合治理对策主要有环境工程对策、生态工程对策、清洁生产对策和环境管理对策。

2. 综合治理措施

（1）污染源治理

中国湖泊污染的主要类型是富营养化和有机污染。湖泊富营养化是指湖泊水体接纳过量的氮、磷等营养物质，使水体中的藻类以及其他水生生物异常繁殖，水体透明度和溶解氧变化，造成湖泊水质恶化，加速湖泊老化，从而使湖泊生态和水体功能受到阻碍和破坏。湖泊富营养化的主要控制因子为 TP（总磷）、TN（总氮），在污染源治理中要考虑运用除磷、脱氮工艺。湖泊有机污染指由于各种排放而输入的有机物质在湖泊水体中形成的污染，主要污染物是以影响水体氧平衡为主要机制的耗氧性有机物。这类污染的主要控制因子为 BOD5、CODCr、SS。

①点污染源治理。湖泊流域内的点污染源主要指有集中排放口的城市生活污水和工业企业排放的废水。城市生活污水是湖泊中的生物有效磷的主要来源，因此，综合治理首先要根据城市的发展规划预测生活污水负荷量，健全城市排水系统，建设城市污水处理厂，对城市污水进行集中控制，达标排放。城市污水处理厂的建设应考虑选择具有除磷、脱氮功能的工艺流程。根据总量控制计划，在全流域内全面推行污染物排放总量核实制度，将流域内的工业污染源负荷削减至总量控制分配的允许负荷范围内。通过对标准的执行，促进工业布局的调整，淘汰落后、高污染、低效益的工艺。

②非点污染源治理。水土流失、农村村落污染和农业污染是非点污染源治理的重点。提高森林覆盖率、完善农业耕作制度、建立合理的农业生态结构和卫生的农村生活环境是非点源治理的关键。强化管理是非点源的必要手段。

根据湖泊流域的地理学特征、非点污染源的发生特征和输出特征，可将湖泊流域分为三个控制单元：湖滨区，过渡区与山地区。

湖滨区主要是指流域内坡度较小的平原区，以环湖的湖积平原、冲积平原、洪积平原为主，是主要的农业耕作区。这一区域非点源污染比较严重，主要污染来源是农田径流和村落污染，其非点源污染物大都以散流的方式输送进入湖泊水体，氮、磷浓度一般较高。同时该区内人类活动比较频繁，人类活动对湖泊的影响较大。

过渡区是指山地区与湖滨区之间的过渡区域，主要由台地、岗地、丘陵组成，该区是流域内山地径流和部分农田径流形成的主要地带，水土流失最为严重。暴雨期间，非点源通过漫流进入沟渠小溪，再流入支流，最后汇入干流，集中汇流进入湖泊，是河流污染的源头。一般情况下，该区域是湖泊流域非点源污染的主体。

山地区是湖泊流域的上游地区，主要是中山和低山，是径流产流源头。山地区为流域水源涵养区，该区域面积通常占整个流域面积的一半以上。该区一般不宜耕作，人类活动较少，但对流域内的水文过程却有着举足轻重的作用，是重要的水源涵养林保护区。

③湖内污染源治理。内污染源存在于水体本身和底泥中，主要包括网箱养鱼污染、湖内旅游污染、船舶污染和污染底泥的污染物释放。

网箱养鱼污染、湖内旅游污染和船舶污染的治理需要根据湖泊的主要功能和水质目标，对网箱养鱼、湖内旅游和作业船舶采取取缔、限制或调整等措施进行综合治理。

（2）生态恢复

生态恢复是湖泊污染治理必不可少的措施。它通过工程或非工程措施，调整生态系统结构，调节陆地生态系统和湖泊水生生态系统之间的物质和能量流动，保持各自生态系统的稳定性，促进流域生态系统的良性循环。

生态恢复主要内容包括浅水区大型水生植物恢复与群落结构优化配置及资源综合利用、湖滨带生态恢复和陆地生态系统恢复。

①浅水区大型水生植物恢复与群落结构优化配置及资源综合利用。一般湖泊，2m以内的浅水区有沉水植物和固着藻类分布，这些生物群落对湖泊水体有极强的净化能力，可以吸收 N、P，提高水体透明度，对防止湖泊污染，尤其是防止发生富营养化有重要作用。国外研究表明，沉水植物分布面积达 30%左右的湖泊生态系统将处于良好状态。因而恢复浅水区的大型水生植物，优化植物群落结构及进行资源综合利用对于促进湖泊的良性生态循环是非常必要的。

②湖滨带生态恢复。湖滨带是湖泊的天然保护屏障，没有湖泊也就没有湖滨带，失去湖滨带的湖泊生态系统是不完整的，极容易受到外界的损害。天然湖滨带通常由湿生植物、挺水植物以及固着藻类组成，它对环境污染物，尤其是 N、P 和有机物有极强的净化能力。湖滨带的恢复不能完全按照天然湖滨带那样做简单的重建，应该结合湖滨带的现状功能，从环境净化、生态景观和美学等方面进行设计，使湖滨带发挥环境保护、旅游休闲、景观美学等功能。

③陆地生态系统恢复。对于流域上游山地侵蚀区，应进行以水源涵养林建设为主的陆生生态系统恢复工程，提高蓄水保土能力，从源头控制暴雨径流的发生。对于农作区应进行与农、牧、林、果建设相结合的生态恢复工程，将生产的发展与水土保持相结合，控制水土流失。流域内有矿区的还必须进行矿山的生态恢复。

（3）流域环境管理

管理措施包括制定切实可行的地方性环境保护条例，推行流域污染物总量控制，建立统一的资源环保机构，制定切实可行、安全可靠的水域排放标准和排污收费办法。客观上要把流域水污染防治规划纳入地方经济发展规划，有计划有组织地进行工作，防止盲目性和片面性，从而有效提高环保投资的社会和经济效益。

3. 综合治理对策

湖泊污染综合治理是一项复杂的系统工程，必须在充分研究目前流域内存在的主要环境问题及发展趋势和产生环境问题的主要原因的基础上，从全流域统一考虑，通过环保、水利、农业、林业、渔业各部门的通力合作，坚持标本兼治的方针，利用环境工程、生态工程和管理手段，在流域内社会经济能力所能承受的前提下，有计划分层次逐步实施。

（1）环境工程对策。环境工程是污染治理的重要方法和必要手段，主要处理对象是已经产生了的污染物，属于末端治理。环境工程的主要特点是针对性强，处理效果明显，但一般情况下建设和运行费用都比较高。环境工程措施主要应用于点污染源治理（包括工业点源和城镇生活污水，集中的村落废水等），应用于面污染源治理时多与农、林、水利工程相结合，将环境工程措施融入农、林、水利工程之中。

（2）生态工程对策。生态工程是着眼于生态系统持续发展能力的整治技术，它根据生态控制原理进行系统设计，规划和调控人工生态系统的结构要素、工艺流程、信息反馈关系及控制机构，从而在系统范围内获取较高的经济和生态效益。与传统末端治理的环境工程技术不同的是，生态工程强调资源的综合利用、技术的系统组合、学科的边缘交叉和产业的横向结合。

（3）清洁生产对策。清洁生产技术是对生产全过程的控制。在革新原有生产工艺或在原有运作过程的基础上，加配污染物处理系统。如污水处理系统，大气处理系统，使之少产废、少排废。

（4）管理对策。在实施污染工程控制的同时，必须强化流域环境管理。在流域内进行产业结构调整，有利于改变流域经济增长方式，提高水循环使用率。这既可促进流域经济发展，又有利于全流域内污染物总量控制。

（四）投资估算与效益评估

1. 投资估算

湖泊污染控制主要包括污染源治理和生态恢复两大部分。污染源治理又分为点源治理和非点源治理。由于污染来源及防治途径和方法不同，湖泊污染治理投资估算方法也不同。

湖泊非点污染源的控制与生态恢复是一个系统工程。到目前为止，还没有一个统一的工程设计规范，工程投资费用只能根据经验，统计类似的示范工程并参考相关行业的工程投资估算方法来粗略地估算。

2. 效益评估

（1）效益评估的内容

湖泊污染控制工程相关的实质效益和无形效益综合体现为环境效益、生态效益、社会效益和经济效益的统一。主要效益内容包括如下：

①环境效益。包括水质改善效益和生态效益。水质改善效益是与水质改良有关的公共健康和安全、娱乐机会以及水利用纯效益和改良效益。

②生态效益。主要包括森林覆盖率增加，土地利用状况趋于合理，土地利用类型得以改造，侵蚀及地表养分流失得以控制；对鱼类和野生动物的危害减少，沉积物的淤积和危害减少，该地独有的自然景观以及景色优美并且具有历史和科学价值的地区得到了保护；水资源开发利用率提高，开发利用前景渐好；抗御自然灾害能力大大加强等。

③社会效益。包括由于环境质量的改善，公众的生活安全和健康水平提高，疾病减少；由于大量工程项目的兴建，增加了劳动就业机会，减轻了劳动就业压力；由于工农业用水水质变好，直接等效工农业产品的产量和质量的提高，加快了脱贫致富速度，为社会的稳定打下坚实的经济基础；由于环境质量的改善，使得湖泊旅游适宜性增加，提供了休息娱乐的场所，减少了公园等人工娱乐场所的建设费用，为社会主义精神文明建设做出了贡献。

④经济效益。包括城市排水、污水处理设施的有偿使用，对使用单位和居民收取排污费，是湖泊污染控制工程中生活污水治理项目的主要实质效益；供水、绿化工程中的经济效益。减少水处理费用，避免水源地迁移而产生的工程改造费用和远距离输水费用，绿化的林木资源收益等；工农业产品质量、数量增加，渔业产品质量提高而产生的经济效益；水生植物和废物综合利用产生的经济效益。在湖泊污染控制系统工程中，环境效益、生态效益、社会效益、经济效益的区分是相对的，它们之间相互包容、统一于一个统一体中。

（2）效益评估的方法

湖泊污染控制工程的效益评估，不是从局部的观点来换算工程实际发生的直接收益与费用，而是从社会和环境生态系统的全局观点出发来计量全部效益与费用，它不限于货币的收支，还包括不能用货币表示的，甚至难于数量化的一些效益与费用。在实际分析中常采用费用—有效性分析方法，该方法在对不同环境方案的效益进行统一换算的基础上来比较优势。比较方法有三种形式：一是在费用相同的条件下，比较它们的效果大小；二是在效果相同的条件下，比较它们的费用多少；三是比较它们的费用对效果或者效果对费用的比值。

第三节 湖泊水污染源控制系统

一、湖泊点源污染控制系统

目前，我国污水处理厂主要针对的是工农业废水和生活污水的点源污染，而且主要控制指标为有机物、重金属等，对氮、磷的控制效果尚不理想。因此，在污水、废水排入水体之前，需进行脱氮除磷处理。脱氮的物理化学方法有氨汽提法、沸石法和折点氯处理法等，但这些方法只能去除铵态氮。物理上除磷的方法有电渗析、反渗透等，但价格较昂贵，而且磷的去除率也仅10%左右。化学上除磷的方法是混凝沉淀法，效果稳定可靠，但需添加大量的混凝剂，同时产生大量难脱水的化学污泥，不但难以处理，而且可能具有毒性，易造成二次污染。生物脱氮法可分为活性污泥法、生物滤池、浸没滤池、流化床法、生物转盘等。国内外较成熟的生物除磷工艺有A／O和A_2／O等。传统的城市二级污水处理对氮、磷的去除率较低，与国外通用的水体富营养化的控制标准（TN 0.3mg/L和TP 0.02mg/L）相比还有较大的差距。如果在生化处理中加入脱氮除磷深度处理工艺，投资和运行成本则相对较高。

加强点源控制，可对城市污水处理厂的出水考虑采用生态处理，削减出水的氮、磷含量。人工湿地技术易与城市污水处理工艺相结合，在削减氮、磷含量的同时，还可以进一步提高出水水质，同时具有低投资、低运行管理费用和适应性强等特点，因而在点源控制中能发挥重要的作用。湖泊点源控制系统包括：

1. 点污染源污染特征和污染负荷调查

点污染源是指有相对产生范围或位置并有固定排放点的污染源，它的特点是污染物排放地点固定，所排放污染物的种类、特性、浓度和排放时间相对稳定。

2. 污染源调查

通过对湖泊汇水范围内的点污染源调查，掌握区域内各类污染源的污染物排放情况，确定湖泊污染与点污染源之间的对应关系。根据点污染源的影响大小，确定重点污染源及重点污染物，为制订湖泊污染综合防治方案与对策做准备。

3. 目标总量确定与分配

首先要调查研究湖泊的污染现状和规律，计算水体的自净能力，即水体对某种污染物在不超过其规定的最大容许浓度条件下的极限容纳量。在此基础上，结合区域环境目标确定各种污染物的容许排放总量。然后根据河流的水质现状和自净能力，将削减量进行优化分配和分解，制订出该地区的优化控制方案。

4. 处理方案优化

湖泊点污染源污染控制方案有多种。例如：点污染源优先治理方案，污水集中处理工程方案，生产工艺改造、推行清洁生产、改变排污去向与排放方式方案，加强管理方案等。通过建立各控制方案的削减量与投资、效益的关系，对比较不同控制方案组合后得到的成本效益比值进行优化，从而确定优化的处理方案组合，并按照区域排污总量控制目标来制订处理方案实施的时间顺序等。

二、湖泊非点源污染控制系统

湖泊非点源可分为城区径流非点源和流域径流非点源。前者主要是指城区透水地面和非透水地面形成的降雨径流所携带的污染物负荷，这类非点源的产生、形成及流出特征，与城区的城市性质、地形地貌、人们的生产和生活活动方式及强度等密切相关；后者主要是指湖泊流域即非城区广大地区的山地、农田、林地、村落及湖面等区域产生的非点源。两者无论在形成机理、流出特征及污染方式方面均相差甚远。根据入湖途径不同，湖泊非点源可划分为直接入湖非点源与经由流域地表间接入湖非点源两大类。非点源污染控制系统包括：

1. 总体设计目标

非点源总体设计目标应服从于湖泊环境综合治理的总目标。以非点源入湖污染负荷为总的控制目标，通常的指标体系是：总氮、总磷、泥沙、COD等。除此之外，还应确定以下设计目标：

非点源发生量；绿化覆盖率；水土流失（土壤侵蚀）强度；农村垃圾处理利用率；农村废水处理利用率；农村环境卫生居民健康状况；农村生态环境质量（水、土壤、大气）；农村基础设施建设；农村土地利用状况等。

通常为了方便设计，仅选用其中主要环境指标作为设计目标体系，如非点源负荷削减率、土壤侵蚀模数、绿化覆盖率，其他作为参考指标，设计时予以考虑。

2. 总体设计

根据国内外在非点源研究和治理中的经验，认为在总体设计时应认真考虑以下重要因素，以求总体设计的合理可行。

（1）流域内农村社会经济特征。包括人口、居民生活习惯、土地利用状况、生产技术水平、生产方式、经济状况、产业结构、居民环境意识以及发展规划等。

（2）流域自然地理特征。包括气象、气候、水文地质、地貌、地形、土壤、植被、矿产资源、自然灾害以及自然资源开发利用状况等。

（3）非点源污染特征。包括污染物种类、负荷量、时空分布特征、主要影响因子等，建立非点源数据库。

（4）非点源治理可行性。包括设计目标、技术方法、经济承载力以及适宜的场地条件，社会环境等。

（5）非点源治理保证体系。包括政策、法律法规、管理体系、资金来源以及环境监测控制系统等。

　　3. 总体设计程序

　　非点源影响因素很多，情况复杂，很难规定统一的总体设计程序与方法。可供参考的设计程序如下：

　　（1）非点源负荷量及特征调查。通过现场观测和非点源模拟计算，查清流域非点源的来源、强度及其特征，定量确定非点源的污染负荷量；

　　（2）计算湖泊非点源允许入湖负荷量，通过对湖泊点源、内源等调查，根据水质保护目标，确定允许入湖负荷量，进而明确非点源允许入湖负荷量；

　　（3）确定非点源污染控制最佳方案。

三、湖泊内源污染控制系统

　　湖泊内污染源大致可分为污染底泥、湖泊养殖、湖内旅游、湖内船舶以及大气干湿沉降等五类。

（一）湖泊污染底泥的调查与分析

　　在湖泊污染综合治理工程中，考虑对污染非点源、点源治理的同时，应对湖泊污染的内源（即污染底泥）存在的危害性及分布进行调查和分析，并确定是否应对污染底泥进行疏浚和处置。

　　污染底泥的调查与分析一般应分阶段进行，可分为两个阶段：一是为项目立项和可行性研究而进行的初步调查和分析；二是为项目设计而进行的勘测与分析。污染底泥初步调查的目的，是对污染底泥的分布影响及清除和处理的必要性、可行性及经济合理性的论证提供依据。污染底泥的初步调查与分析应包括以下内容：

　　污染底泥及污染物的来源；污染底泥的分布及厚度；污染底泥中污染物的种类及含量分布；污染物的化学及生态效应分析；污染底泥的数量；污染底泥疏挖区的地质情况及物理力学特性；污染底泥的处置场地的确定；污染底泥疏浚设备的选择范围；对污染底泥疏挖、输送及处置过程中防止二次污染的技术措施；污染底泥处置场的地质调查及结构；地下水的调查；余水的排放标准及监测；污染底泥疏挖的工艺流程；现场施工条件及协作条件；污染底泥疏挖处置的利用价值；有关的材料、人工、设备价格；对社会其他方面的影响等。

（二）湖泊内源污染分析

1. 污染底泥

　　湖内污染源的底泥指的是能够向湖泊（水体）释放污染物的湖泊沉积物的表层（近湖水层），即通常所说的污染底泥。其污染物来源主要是入湖废水及径流输入所带来的泥沙，以及其他污染物等的沉积和湖内死亡生物体及其他悬浮物的沉降。对不同的湖泊而言，底泥的厚度、分布和理化、生物特性以及对湖泊水质的影响范围强度等都有显著差异。一般情况下，城市湖泊的污染底泥较厚、污染物含量较高，往往可影响整个湖泊，是主要污染源之一；城郊及其他湖泊往往仅在局部水域（如城市下游河口附近）存在较厚的污染底泥层，底泥对湖泊水质的影响也主要体现在这些区域。

底泥污染的控制一般可从两个方面考虑：一是阻止底泥中污染物的释放，如底质封闭；二是清除污染底泥，如底泥疏浚。

2. 湖泊养殖

湖泊养殖所形成的污染物包括：剩余饵料；养殖物（如鱼类）的排泄物。在湖泊养殖中，网箱养鱼的污染尤为突出，应该予以严格控制，在具有饮用水源地功能的水域应取缔、禁止网箱养鱼。网箱养鱼所形成的污染物的量主要取决于以下几点：养殖密度；饵料的种类及投放量；鱼种等。

根据湖泊的水体功能要求及水环境状况确定适当的养殖水域，选择合适的鱼种，限制合理的养殖密度，投放适量的难溶性饵料，加强网箱养鱼的管理是网箱养鱼污染控制的关键与核心。

3. 湖内旅游

湖内旅游的污染主要包括旅游、娱乐过程中产生的废水、固废污染以及旅游船只运行中的油污染。

对以旅游为主要水体功能的湖泊而言，旅游往往是湖泊的主要污染源之一，一般影响到整个湖泊。对其他以旅游为部分功能的湖泊而言，旅游路线附近水域往往要承受较重的旅游污染。此外，在湖泊污染控制中应考虑到较为分散的湖岸旅游与较为集中的湖面（船舶上）旅游的不同污染特点。

湖内旅游污染的控制主要包括如下几点：废水的控制；固废的控制；油污染的控制；旅游污染的管理等。

4. 船舶

船舶污染主要指湖泊内除旅游船只以外以运输、渔业等为主要功能的机动船舶对湖泊水环境的污染。污染物主要包括船上人员的生活废水和固体废物、船舶运行过程中产生的含油废水以及散漏的运送物资等。

湖内船舶污染的控制一般应包括如下内容：油污染控制；生活废水处置；运送物质的防散漏措施；湖内船舶污染的管理技术等。

5. 大气的干湿沉降过程

大气的干湿沉降过程（即降尘、降水）可以将大气中的污染物输送到湖泊中。进入到湖泊中的污染物的量及种类取决于如下两个方面：降尘、降水量；大气质量状况。

由于大气的干湿沉降过程与湖泊所在地质的自然地理状况及社会经济活动等因素密切相关，因而对不同的湖泊或者同一湖泊的不同时期而言，这一过程对湖泊的污染程度相差较大，但总的来说，对大多数湖泊这一过程都不是主要污染源。

（三）湖泊沉积物疏浚与处理

湖泊底泥中累积了大量的营养物质，使污染底泥对营养盐和其他污染物质的富集作用更加明显。当湖泊底层氧化还原环境发生变化时，底泥中的营养物质和污染物质会重新释放加入水体，成为水体富营养化的主要营养源。即便在外源营养物被完全切断之后，底泥释放的营养物质仍然能够支持大规模的藻类水华。

底泥疏浚工程就是用装有搅吸式离心泵的船只在湖中抽出底泥，经过管道输送到岸上一个专用的堆积场所。与其他清淤工程不同，生态清淤旨在清除湖泊的污染底泥，为水生生态系统的恢复创造条件，这种高技术的生态清淤在很多大型湖泊治理中都得到了应用。

1. 余水处理

余水中的污染物大部分是颗粒态或黏附在污泥细小颗粒上，通过对余水中的悬浮颗粒的去除，基本上可以控制余水的水质。目前堆场的余水中悬浮物浓度的控制措施有：强化堆场自然沉淀、间歇作业、加药促沉和过滤。

（1）强化堆场自然沉淀。底泥堆场设计布置应有利于自然沉降，排泥管远离堆场出水口。延长水流在堆场中的路径，同时在堆场中设置溢流堰和导流墙，使得堆场像几个连续的沉淀池，改善了堆场的水力条件，有利于颗粒的自由沉降，同时也避免产生短流，延长了水力停留时间，强化了堆场的自然沉淀条件，提高了颗粒在堆场中的沉淀效率。

（2）间歇作业。间歇向堆场吹泥以延长余水在堆场中的停留时间即沉淀时间，在施工后期，对于一些没有设置后续余水处理设施的堆场来说，这是一种有效的控制余水中悬浮物浓度的方法。

（3）加药促沉。常用的加药促沉法有输泥管加药和堆场出水加药。输泥管加药是通过加药泵将絮凝剂加入输泥管中，使药剂和泥浆快速混合，然后在堆场中反应沉淀，这可以大大减少悬浮颗粒的沉淀时间。堆场出水加药通过在堆场外设置混合、反应、沉淀装置，来实施余水的混凝沉淀处理。

（4）过滤。在出水的位置设置过滤堰，通过过滤堰去除余水中的悬浮物和部分溶解性污染物，常用的过滤堰有上流式和下流式，过滤堰的最大缺点是堵塞问题。

对于特殊的重污染底泥，如受严重的重金属或难降解有机物污染的底泥，释放到余水中溶解态的污染物不能随着余水中悬浮物的去除而去除，对此必须考虑进一步的处理方法，可以借鉴常规的工业废水和生活污水的处理方法。

2. 表面径流和渗滤污水处理

疏浚工程结束后，堆场上的水从表面排出，污染的底泥将从厌氧变成好氧，pH 也会随之降低。在低 pH 和好氧条件下，底泥中的一些重金属和有机物更容易释放，降雨产生的表面径流将会溶解这些重金属和有机污染物，如果不对表面径流进行有效的控制，它将会携带污染物进入水体。如果疏浚的底泥受到严重的重金属和有机污染，在底泥干化期间，就需要考虑因降雨径流引起的污染物流入水体，并采用合理的控制措施。常用的措施包括：

在污染底泥表面栽植物稳定污泥，防止流失；在污染底泥表面覆盖一层未受污染的材料，如石灰；将降雨产生的径流收集起来进行集中处理。

堆场渗滤主要是向地下水的渗滤和由堆场围堰向外侧渗。常用的控制方法有：在堆场底部加黏土或复合的垫层，如果该地区没有黏土，也可以铺土工布或土工膜；可以通过化学稳定的方法来阻止污染物进入渗滤液，如加石灰；将污染底泥表面覆盖或栽植物来减小渗滤；对于采用底部排水的堆场，可以对渗滤液进行收集集中处理；对于堆场围堰的侧渗，可以在围堰上铺土工布或土工膜。

3. 污染污泥处理

常用的物理化学方法有溶剂清洗、热萃取、动电学方法、固化（或稳定化）、熔融法、化学氧化等。

（1）溶剂清洗。将疏浚底泥用溶剂清洗，将污染物转移到溶剂中，然后对溶剂进行集中处理，清洗溶剂可以是碱、表面活性剂、酸、螯合剂等。

（2）热萃取。通过高温将大量污染物蒸发出来，然后对污染气体进行处理，去除挥发性重金属和其他燃烧的产物。

（3）动电学方法。在污染底泥中插入阴极和阳极，然后在电极两端加低压电流，带正负电荷的离子向两极移动可以去除污染底泥中的重金属和其他离子。动电学方法主要适合于处置重金属含量较高的污染底泥。

（4）固化（稳定化）。通过添加稳定剂稳定污染底泥中的重金属和其他污染物，这些稳定剂包括石灰、飞灰、水泥或其他化学药剂。固化处理的效果在很大程度上受到疏浚底泥的性质、混合方法的影响，因此应根据不同的底泥性质进行配方实验。

（5）熔融法。在底泥中插入电极产生电流，然后在冷却的时候固化，如果底泥中的有机物含量高将会降低固化效率。

（6）化学氧化。重金属的化学氧化是另一种修复疏浚底泥的方法，通过添加无机和有机反应物可以还原重金属到最低价态形成稳定的有机金属复合物。也有研究表明利用超声波去除疏浚底泥中的重金属在技术和经济上都是可行的。目前国外利用物理化学方法处置疏浚污泥已经投入了实际工程中。

如果采用常规的物理化学方法进行污泥的无害化处置，底泥的处置费用巨大。近年来，通过在污染底泥表面栽种植物，利用植物的吸收和代谢作用去除污染物的方法越来越引起关注。栽种植物可以对堆场中的污泥长期修复，直至污染底泥的彻底无害化。另外，栽种植物处理费用低，效果明显，植物的强大根系和表面覆盖的植物叶不仅阻止了有毒、有害污染物的挥发和表面径流引起的污染物流失，也稳定了有机物和重金属，避免或减少其进入渗滤液，高蒸发率也加速了底泥的脱水速度。

（四）湖泊沉积物原位处置技术

1. 原位覆盖技术

覆盖的第一步应该是勘察将被覆盖的现场，实验底泥打桩的可行性。如果底泥流动性大，就需要打比较深的桩；如果底泥太稀，就可能需要先用砖或者水泥块覆盖。在施工过程中覆盖材料应该紧贴底泥，不能留有气泡。

采用高聚合物覆盖材料的优点包括：可以针对特殊的区域，而不会影响其他区域，不会对岸边产生干扰，不会释放有毒有害物质，安装方便。主要的缺点包括：治标不治本，成本高，难以用于大面积覆盖，碰到尖锐物可能撕裂，或者被底泥释放的气体鼓起包，难以拆除或者转移，在太阳辐射下可能会老化失效等。常用的聚合物材料包括高密度聚乙烯、聚氯乙烯、聚丙烯和尼龙等。

2. 原位封闭技术

底泥封闭是指通过投加化学试剂，固定水体和底泥中的营养盐（主要是磷），并在底泥表面形成覆盖层，阻止底泥向水体释放营养物。

工程中采用较多的试剂包括铝盐、铁盐、飞灰和石灰石等，铝盐与磷形成的络合物性质比较稳定，即使在缺氧或厌氧条件下也不会重新释放出磷。底泥封闭与底泥掩蔽技术一样，一次性投资较大，但无须运行和维护费用。在美国，铝盐的处理成本约为 0.12 ~ 0.25 美元／㎡。

3. 原位处理技术

污染底泥的原位处理技术是指在湖泊内利用物理、化学或生物方法减少受污染底泥的容积，减少污染物量或降低污染物的溶解度、毒性或迁移性，并减少污染物释放的底泥污染整治技术。按其原理的不同，可分为：原位化学处理、原位物理处理、原位生物处理和原位生态处理。具体说明如下：

（1）原位化学处理技术。原位化学处理技术是指通过投加含氧量高的化合物，补充底泥中有机物分解所需的氧，减少 H_2S、NH_3 等厌氧代谢产物的生成。

（2）原位物理处理技术。原位物理处理技术主要是采用物理的方法，通过人工曝气、破坏分层等方法造成异重流，提高底层水体的溶解氧含量和水体温度，加速水体和底泥中污染物的降解，以去除污染。

（3）原位生物处理技术。是指利用底泥中生物的代谢活动降解减轻污染物的毒性，改变有机污染物结构、重金属的活性或在底泥中的结合态，通过改变污染物的化学或物理特性而影响他们在环境中的迁移、转化和降解速率，从而对底泥污染进行处理。原位生物处理技术可根据选用生物种类的不同分为：植物处理、动物处理、微生物处理和生态修复。

（4）生态修复。生态修复是应用生态系统中物质的共生、物质循环再生以及结构与功能协调原则，结合系统工程的最优化方法设计的，分层多级利用物质的生产工艺系统。

第四节 湖泊水体水质的改善与生态修复技术

一、湖泊水体水质改善的物化方法

（一）石灰处理法

酸沉降导致大量湖泊水体酸化是自 1960 年以来全球所面临的一个主要污染问题。在欧洲，湖泊酸化问题比较突出。据估计，数十万个湖泊受到酸化的影响。其后果是：对酸敏感的物种消失，导致生物多样性减少；生物多样性减少，导致水体物质循环速度变慢，有机物不能及时分解，垃圾开始积累等；鱼对酸化最敏感，酸化往往导致鱼类资源减少，甚至某些鱼种绝迹。

投加石灰是快速修复酸化湖泊水库的简便方法，并得到了广泛的认可，在美国、加拿大和欧洲，例如瑞典、挪威等国家已得到成功的应用。此外，石灰则具有强大的吸附磷的能力，因而通过往湖泊水体中投加石灰可以大量吸附水中的磷，从而有效去除磷的含量，抑制水体富营养化的发生。

（二）化学沉淀法

用化学沉淀法对湖泊水体进行生态修复通常是通过投加化学药剂来使其沉淀去除的，此处着重描述化学沉淀对水体中磷的去除。

磷的沉淀和钝化属于改善湖泊水库的技术，目的是通过沉淀去除水体中的磷，通过钝化延缓内源性磷从底泥中的释放。在沉淀中，通常使用硫酸铝等铝盐，加入水中形成磷酸铝或胶体氢氧化铝共沉淀，沉淀效率与水体 pH 和碱度等有关。

磷去除的机理包括：形成磷酸铝 $AlPO_4$ 沉淀，吸附在 $Al(OH)_3$ 絮体表面，以及含磷颗粒的网捕过程等。一般情况下，不容易形成磷酸铝（$AlPO_4$）沉淀，只有在过量投加的情况下，才有可能，所需要的 $Al^{3+}:P$ 比例高达 500 以上。无机性的磷可以有效地被吸附在氢氧化铝絮体的表面。有些研究表明，溶解性的磷相对于总磷更难以得到去除，肯尼迪和库克报道，实验室实验可以去除 1% ~ 36% 的溶解性磷。

（三）人工曝气

人工曝气技术在国外的应用已非常成熟。人工曝气方式一般采用固定式充氧站和移动式充氧平台两种形式。固定式充氧站是指在受污染湖泊的岸上设置鼓风机房或液氧站，通过管道将空气或氧气引入湖泊水体中，达到湖泊增氧的目的。移动式曝气船是指通过载有供氧装置的船只在污染湖泊中的灵活运行向污染水体中供氧。在湖泊水质变化的不同时期使用曝气技术，可以分别达到消除黑臭，减少水体污染负荷，促进湖泊生态系统的恢复等效果。

人工曝气的目的通常有三个：第一个目的也是通常能够达到的一个，就是在不改变水体分居的状态下提高溶解氧浓度；第二个目的是改善冷水鱼类的生长环境以及增加食物供给；第三个目的是通过改变底泥界面厌氧环境为好氧条件来降低内源性磷的负荷。其他附带的目的或者效果包括降低氨、氟、铁、锰等离子性物质的浓度。

人工曝气的方式包括：机械搅拌，包括深水抽取、处理和回灌；注入纯氧，成本高，氧传质效率高；注入空气，成本低，效果较好。

（四）水动力调控技术

1. 水量调控

湖泊污染的程度与污染物的来源和废水在湖中停滞时间的长短有关。因此，提高清、污水量的比值，加快湖水与废水的交换，是治理湖泊污染的一项重要措施。"开清水之源、节污水之流""以清冲污"等治理措施，不仅有效，而且投资更省，此法在水资源丰富的地区尤为合适。

湖泊水量调控是湖泊污染控制、保护湖泊生态环境质量的手段之一，其目的是通过入湖、出湖及湖泊蓄水量的合理调控，减轻湖泊的污染程度，保证湖泊达到使用功能。

湖泊水量调控技术主要由三个方面组成：其一是污水截排技术，它是通过截排流域内的生活污水、工业废水，直接减少入湖污染负荷；其二是调水技术，它是通过引其他水体的清洁水，来冲刷、稀释湖泊水体，直接提高湖泊环境质量；其三是控制下泄水量维持湖泊水位技术，它是通过制定湖泊运行水位，以保证流域上下游工农业用水，并维持湖泊生态平衡。这三个方面技术既互相联系，又各有侧重，其核心是以水量调节为手段保护湖泊的生态环境。

2. 水量调控原则

水量调控工程技术措施的制定，首先，要全面掌握湖泊水环境质量及其演变趋势、湖泊污染特征、时空分布、湖区周围社会经济、水资源利用情况。其次，为确保湖泊水资源合理利用和湖泊生态趋向良性循环，制定优化的湖泊运行水位。最后，是制定湖泊的污染治理方案，若需要采取水量调控措施则可选用污水截排工程，或跨流域引水或补水工程。主要原则如下所示：

（1）统一规划，有机结合。就水量调控本身而言，技术是多方面的，然而对一个特定湖泊，水位调控是基础，其他各项技术应当统一安排，有机结合。另一方面，水量调控还受湖泊周围及本身水资源量、工农业用水要求以及城市建设人口发展的制约。

（2）因地制宜，措施有力。污水截排、引水冲湖是一个投资巨大的环境工程，必须因地制宜，选择合适的技术措施，解决重点问题，使其获得最大的环境效益。

（3）近期和长远兼顾、分期实施。与湖泊保护目标一致，水量调控工程应本着从长远出发，近期着手，近远期相结合，分期实施的原则，使有限的投资发挥最大的效益。

二、湖泊水体生态修复技术

（一）湖泊水体藻类控制技术

湖泊富营养化的原因主要包括：污染，生态破坏，气象因素（温度、季节、光照）等。响应型湖泊是湖泊处于富营养化的发展阶段，可以通过控制 N、P 来控制富营养化过程。非响应型湖泊是水体营养已经饱和。针对富营养化水体导致的藻类过度生长，通常采用的方法包括以下几类：

1. 物理和化学技术

分别指的是底泥疏浚、引水稀释和使用化学药剂杀灭活藻类。通过底泥疏浚，可以去除底泥中所含的营养物质，同时可以去除部分藻类的休眠体。而引水稀释则可以降低水体中污染物的浓度，从而控制藻类生长。利用此法要考虑出水口的泄水能力及稀释、冲刷水中的营养盐使其浓度要比湖水中的浓度低，且确保无毒性物质存在，否则就起不了净化水体的作用。

用化学药剂灭活藻类，这是最简便的应急解决方法。目前已合成和筛选出的杀藻剂包括松香胺类、三连氮衍生物、有机酸、醛、酮以及季胺化合物等有机物，铜盐（硫酸铜、氧化铜）、高锰酸钾等无机物。无毒、高效、经济的杀藻剂的开发仍处于探索发展之中。目前应用最广泛的是硫酸铜，它在美国、澳大利亚的饮用水源水体中常用。不过，单独使用硫酸铜一般来说浓度须达到 110mg/L 以上才能有效控制藻类生长。可以适当投加铁盐、铝盐作增效剂，以提高硫酸铜的除藻效果。大麦秆也对藻类有一定的控制作用，其好氧降解产物是效果较好的广谱杀藻剂，主要通过释放毒藻素，其次是激发食藻生物的繁殖来灭藻，对蓝藻、绿藻，能在保持细胞形态下杀死细胞，而对较复杂、大型的高等植物的抑制很小。

2. 直接控制藻类的生态技术

生物调控就是用调整生物群落结构的方法控制水质，主要原理是调整鱼群结构，保护和发展大型牧食性浮游动物，从而控制藻类过量生长。鱼群结构调整的方法是在湖泊中投放、发展某些鱼种，而抑制或消除另外一些鱼种，使整个食物网适合于浮游动物或鱼类自身对藻类的牧食和消耗，从而改善湖泊环境质量。这种方法不是用直接减少营养盐负荷的办法改善水质，而是采用减少藻类生物量的途径达到减少营养盐负荷的效果，效益可持续多年。

对应于传统的营养盐控制技术，生物调控是管理生物组成，通过管理湖泊内较高层次的消费者生物而控制藻类，实现水质管理的目标。生物调控主要采用捕获、毒杀鱼类以增加浮游动物以及直接投放肉食性鱼类来控制浮游生物食性鱼类，进而促进大型浮游动物发展，借以控制水华发生。比较常用的鱼类是鲢、鳙鱼。

3. 植物控制藻类技术

大型水生植物不但是水体主要的初级生产者之一，对水体生态系统的结构和功能也有重要的作用，水生植物在营养盐控制方面可以发挥重要的作用。水生植物在生长过程中，需要吸收大量的氮、磷等营养元素，当水生植物运移出水生生态系统时，被吸收的营养物质随之从水体中输出，从而达到净化水体的作用。

水生植物和浮游藻类在营养物质和光能的利用上是竞争者。水生植物个体大、生命周期长、吸收和储存营养盐的能力强，能很好地抑制浮游藻类的生长。水生植物还能分泌化感物质抑制浮游植物的生长。

在浊度较高的富营养化水体中恢复原有的水生植被是一项艰巨的工作，必须辅以其他措施。对于引进的先锋物种，应尽量考虑原有的水生植物种类，避免造成外来物种的入侵。由于沉水植物生活周期比较短，后期植株的衰竭和腐烂容易造成水体的次生污染。因此，必须对沉水植物进行适度的收割，将其茎、叶移出水体，这才能有效削减氮、磷，促进健康水体形成。国内目前对沉水植被的控制主要采用人工收割以及机械收割。

（二）生物操纵技术

夏皮罗等人提出了经典的生物操纵理论，即通过去除食浮游生物者或添加食鱼动物降低浮游生物食性鱼的数量，使浮游动物的生物量增加和体型增大，从而提高浮游动物对浮游植物的摄食效率，降低浮游植物的数量。这种方法也被称作食物网操纵。生物操纵修复的途径包括：

1. 确定湖泊鱼类削减量；

2. 控制肉食性鱼类或浮游生物食性鱼类。经典生物操纵多采用化学方法毒杀、选择性网捕、电捕、垂钓等方法来减少 50%～100% 的浮游生物食性鱼类或者高密度放养肉食性鱼类来减少浮游生物食性鱼类，促进大型浮游动物和底栖食性鱼类（可摄食底栖附生生物和浮游植物）的发展；

3. 放养滤食性鱼类，非经典生物操纵理论认为直接投加滤食性鱼类也能起到很好的效果。因为滤食性鱼类不仅滤食浮游动物，有的也能滤食浮游植物；

4. 引种大型沉水植物，通过合理的生物操纵，重建大型沉水植物。利用植物及其微生物与环境之间的相互作用，通过物理吸附、吸收和分解等作用，能够建立有效的浮游动物种群，从而控制浮游植物的过量生长，净化水体；

5. 直接投加浮游动物，通过浮游动物的摄食（下行作用），可以达到直接控制浮游植物的目的。研究者针对不同的湖泊生态特征，筛选出可控制优势种藻类的浮游动物直接投加；

6. 投加细菌微生物，细菌不仅可以分解有机物，降低营养盐含量，而且可以作为浮游动物的食物。细菌在藻类不足或可食性藻类短缺时，起到稳定维持浮游动物食物网的作用，防止因食物不足而引起浮游动物生物量下降的情况；

7. 投放植物病原体和昆虫，投放植物病原体和昆虫是一种有效控制水生植物的方法。

因为植物病原体和昆虫多种多样，具有很强的针对性，去除效果较好。第一个在大湖泊中取得生物操纵成功的是位于明尼苏达州的一个湖，在它从清澈的水鸟型湖泊转变为较浑浊的以浮游生物为主的湖泊后，工作人员通过鱼藤酮处理的方法削减鱼类，保留所需鱼类，如百斑眼鱼和大嘴鲈鱼，并且通风以防止肉食性鱼类在冬季杀死它们。不久，湖水便变清，大型植物开始生长，水鸟随之出现。生物操纵与生态工程都是研究生态系统优化管理的技术。生态工程强调的是通过不同营养级生物的调整组合，使生态系统的结构与功能趋于协调，最大限度地促进循环再生和多级利用，达到防治污染的目的。生物操纵强调对种群及其生境的调控，主要是控制藻类的发展，防止水体富营养化。

目前，生物操纵正在向两个方面扩大研究：一是研究水质和渔业生态学之间的关系。管理大型鱼食性鱼类是生物操纵的关键因素；二是研究沿岸带生态学和敞水区食物网之间的关系。进一步了解水生植物、渔业和浮游植物管理与湖泊恢复之间的作用。

（三）湖滨带生态修复技术

湖滨带是湖泊水陆生态交错带的简称，是湖泊水生生态系统与湖泊流域陆地生态系统之间一种十分重要的生态过渡带，是湖泊的天然保护屏障。根据联合国教科文组织的人与生物圈计划委员会对于生态交错带的定义，湖滨带可以定义为：湖泊流域中水域与陆地相邻生态系统间的过渡地带，其特征由相邻生态系统之间相互作用的空间、时间及强度决定。

1. 湖滨带的功能

从生态系统的观点来看，湖滨带是陆地生态系统和水域生态系统之间一个重要的生态交错带。在非生物生态因子的环境梯度以及地形和水文学过程的作用下，矿物质、营养物质、有机物质和有毒物质必须通过各种物理、化学和生物过程穿过湖滨带才能从流域进入湖泊水体。因此，湖滨带在一定程度上是湖泊的一道保护屏障，是健康的湖泊生态系统的重要组成部分。

湖滨带的功能可以分为三个方面：环境功能、生态功能和经济美学价值。

（1）环境功能。包括湖滨带的截污和过滤功能，改善水质功能，控制沉积和侵蚀的功能。

（2）生态功能。包括湖滨带的保持生物多样性功能、提供鱼类繁殖和鸟类栖息的场所、调蓄洪水、稳定相邻的两个生态系统。

（3）经济和美学价值。包括湖滨带为人类生产再生资源，改善环境；种类丰富的资源给人们带来独特的娱乐、美学、教育和科研价值；湖滨带管理给人们带来的经济效益。

2. 湖泊水生植被修复的理论基础

水生植被是在漫长的湖泊演化过程中逐步形成的，这种形成过程包含了环境演变和水生植被演替两个方面，二者的作用是相辅相成的。湖泊治理的迫切性要求我们必须在较短时间内完成水生植被的恢复，这就需要借助生态工程技术和局部环境调控技术（包括物理环境调节、水质改造、藻类控制等），在几年内完成在自然状态下需要几十年才能完成的水生植被与湖泊环境协同演替过程。

（1）浅水湖泊生态系统的多态理论与模型。浅水湖泊生态系统的多态理论认为，在贫营养阶段，大型水生植物和藻类的生长均受到营养缺乏的严格制约，湖水处在泥沙质浑浊状态，或者称之为"原始混沌状态"。随着营养元素的逐渐积累，就有可能分化出两条演变途径：

一条途径是沉水植物的不断发展抑制了浮游藻类，形成的水生植被减弱了风浪强度及其对湖底的冲刷，增强了湖泊的污染自净能力，污染物质可以通过沉积、生物转化、生物同化、生物产品收获等途径离开水体，湖水变清且营养水平上升比较缓慢，这种状态称为"大型植物占优势的清水状态"，简称为"草型清水状态"，这是一种高度有序状态。

另一条途径是浮游藻类的不断增长抑制了沉水植物，沉积物的再悬浮作用比较强烈，增加了湖水的浑浊度；营养盐的生物输出和沉积输出减少，湖水营养水平上升比较迅速，这种状态称为"浮游藻类占优势的浊水状态"，简称为"藻型浊水状态"，这是一种无序状态。

推动这种两态分化的原动力是外源营养元素的不断输入，形成这种分化的内在生物因素是沉水植物与浮游藻类之间的竞争排斥特性，决定分化方向的内部环境因素是湖泊的物理环境特征，在某些情况下人类的干预有可能改变分化方向和演变速度。"草型清水状态"和"藻型浊水状态"均能够稳定地存在，且在强烈的外在因素干预之下有可能发生相互转化。

（2）恢复水生植被的基本条件。恢复水生植被就是要在"藻型浊水状态"的基础上重建"草型清水状态"，在无序状态的基础上重建高度有序状态。实现这一逆转过程的前提是外源营养负荷已经得到了有效控制，同时，还应该具备其他基本条件：

①蓝藻水华的控制。蓝藻水华能降低湖水的透光率，减少水下可供水生植物利用的光资源，同时蓝藻能黏附在水生植物表面，这不仅会严重妨碍光合作用和水生植物与湖水间的物质交换，还能招致微生物的大量繁殖，严重时会引起水生植物的腐烂死亡。控制方式有全湖性控制和局部湖区控制。控制技术通常有机械捕捞、生物控制、药物控制等。

②风浪的控制。强烈的风浪能造成水生植物的机械损伤，影响水生植被恢复的进程；风浪扰动能引起沉积物再悬浮，降低湖水透明度，并容易在植物表面形成附着层。需要采取消浪措施：种植漂浮植物或消浪构筑物。

③沿岸带浅滩环境的创建。湖泊沿岸带的浅滩环境是水生植物的"大本营"或"避难所"，尤其对于水位或水质波动比较大的湖泊，浅滩环境更为重要。

④污泥的清除。水生植物难以在污泥中扎根；污泥易发生再悬浮；污泥中微生物活性高，容易使水生植物根系腐烂。

⑤水深的调控。适当降低水位可以减小水生植被恢复区的湖水深度，改善水下光照条件，促进水生植物繁殖体的萌发和幼苗的生长。在开始种植时，水深最好控制在 1m 以内。

⑥水质的改造。提高湖水的透明度，降低湖水中有机污染物的含量。

（3）光照条件改善。水生植物的生长受多种环境因子的影响，这些环境因子包括水温、光照条件、pH 值、水中营养盐含量、溶解氧和底质条件等。总的来说，光照条件和水温决定着水生植物的生态学特征和分布范围，影响着其种类组成和生产力高低；底质是有根水生植物生长的营养来源地（主要是 N 和 P）和生长场所，它通过营养物和底泥化学成分的变化而使水生植物的生长速率受到显著的影响；pH 值影响着水体中碳酸盐的平衡体系，影响着水生植物对水体中 C 的吸收，是水生植物尤其是沉水植物生产力的重要限制因子。

改善湖底光照条件，一般可以通过以下几种方式：

①适当降低水位，提高湖底光照强度，促进水生植物繁殖体的萌发和植丛的发育；

②强制换水，改善水质，提高湖水的透明度，增加湖底光照强度；

③通过生物控制、药物控制或机械收集去除等方法减少藻类数量，提高湖水透明度并减轻有机污染；

④对于小型湖泊，在早春季节水生植物萌发时期，可以考虑投撒没有负效应的混凝剂以提高湖水透明度，也可使用有安全保障的微生物净水技术；

⑤在风浪引起的机械损伤或水质混浊成为水生植物生存、发展的主要限制因子的情况下，有必要考虑控制风浪问题。

（4）沉水植物光补偿深度。光在水中的强度随水深增加或透明度增加而呈指数衰减，透明度低则增大了光在水中的衰减指数，随水深的增加或透明度的降低，光强衰减得太多而限制了沉水植物的分布。水体富营养化导致藻类的大量生长更显著减少了光的穿透深度，富营养化导致的浮游植物密度增加是沉水植物衰竭的一个重要因素。水下光照条件与水深有直接关系，随深度的增加，水下光照强度呈指数衰减。

3. 水生植被的优化设计

（1）优化设计的基础

①湖盆形态、底质条件和水文条件决定水生植被的面积类型和分布格局。健康的水生植被由生在湖盆上的湿生植物、挺水植物、浮叶植物和沉水植物所组成，各类水生植物对底质条件和湖水深度有各自的适应范围，水深是由湖盆形态和水位决定的。水深决定了水生植被的格局和分布面积。

②强烈的风浪扰动能决定水生植被的分布格局和面积。在太湖、洪泽湖、巢湖等大型浅水湖泊里，水生植被主要分布在风浪比较小的河口、湖湾和沿岸带，在开阔湖面上水生植物无法生长。

③水质和湖水透明度是决定水生植物分布深度和面积的重要因素。当湖水的高锰酸盐指数大于 3 时，就容易在沉水植物的茎叶表面上形成附着层，这不仅直接影响其光合作用，还会导致微生物和附着藻类的大量繁殖，引起沉水植物生长停滞甚至死亡。因此，湖水有机污染比较严重时种植沉水植物难度比较大。

④人类需求是决定水生植被类型、面积和分布格局的主导因素。调蓄性湖泊以蓄洪、泄洪、灌溉为主，恢复目的是保护堤岸，减轻风浪和水流对湖岸的侵蚀。水源性湖泊以城

镇供水为主，保护水质是恢复水生植被的主要功能。运动娱乐型湖泊以水上运动、娱乐为主，水生植被主要起美化环境的点缀作用。应充分注意其景观效应，保证水面开敞，无水草。观光游览型湖泊以观光游览为主，植被恢复技术要求最高，实施难度最大。这类湖泊需要强大的水质净化能力与和谐的景观效应。

⑤水质保障的营养平衡和生态平衡原则。恢复水生植被的首要目标就是要在现有的环境条件下保障所要求的水质，设计水生植被必须优先考虑其在污染净化、营养平衡和生态平衡方面的作用。能够在给定的污染负荷和水质需要条件下保证湖泊的营养平衡，控制湖泊蓝藻水华的发生，同时也防止湖泊的沼泽化。

（2）水生植物的种群配置

在富营养化湖泊大型水生植物的恢复中，物种和群落是恢复生态系统的主体。恢复物种和群落的选择是恢复成败的关键因素之一。合理优化的群落配置是提高效率，形成稳定可持续利用生态系统的重要手段。

先锋物种的选择。先锋物种的选择是在对水生植物生物学特性、耐污性、对 N 和 P 去除能力及光补偿点的研究的基础上，筛选出几种具有一定耐受性的，能适应湖泊水质现状的物种作为恢复的先锋物种，同时为水生植物群落的恢复提供建群物种。物种选择原则包括四种：（1）适应性原则，所选物种应对湖泊流域气候水文条件有较好的适应能力；（2）本土性原则，优先考虑采用湖内原有物种，尽量避免引入外来物种，以减少可能存在的不可控因素；（3）强净化能力原则，优先考虑对氮、磷等营养物有较强去除能力的原则；（4）可操作性原则，所选物种繁殖、竞争能力较强，栽培容易，并具有管理、收获方便，有一定经济利用价值等特点。根据上述基本原则，并在广泛调查的基础上，结合原有水生生物种类，进行恢复先锋种的选择。

群落配置。群落配置就是通过人为设计，把欲恢复重建的水生植物群落，根据环境条件和群落特性按一定的比例在空间分布、时间分布方面进行安排，高效运行，达到恢复目标，即净化水质，形成稳定可持续利用的生态系统。一般来说，水生植物群落的配置应以湖泊历史上存在过的某营养水平阶段下的植物群落的结构为模板，适当地引入经济价值较高、有特殊用途、适应能力强及生态效益好的物种，配置多种、多层、高效、稳定的植物群落。

人工植物群落的构建主要包括如下两个方面的内容：

水平空间配置。水平空间配置指湖泊不同的受污水域或湖区上配置不同的植物群落。依据恢复目标的不同，所配置的植物群落可分为生态型植物群落和经济型植物群落。生态型植物群落以水体污染的治理、污水净化、促进生态系统的恢复为主要目标，注重群落的生态效益，其所建群种一般为耐污、去污能力强，生长快、繁殖能力强、环境效益好的物种。而经济型植物群落则以推动流域经济发展、顺应地方的需求为目的，注重群落经济效益的发挥，所建群种一般为经济价值较高的、有特殊用途的、具有一定社会经济效益的物种。在湖泊水生植被恢复群落配置时，应同时考虑生态学和经济学原则，将生态型群落和经济型群落的配置有机结合起来。

垂直空间配置。水生植物群落的生长和分布与水深有密切的关系，有的植物群落只能分布在浅水区，如挺水植物群落、某些沉水植物群落如菹草群落和马来眼子菜群落等，有的植物群落常分布在较深水区，如苦草群落。因而在进行群落配置时，还要考虑不同生活型植物群落与不同沉水植物群落对水深的要求。群落配置时从湖岸边至湖心，随水深的加深，分别选用不同生活型或同一生活型不同生长型的水生植物，这些物种分别占据不同的空间生态位，能适应不同水深处的光照条件，以它们作为建群种形成的群落。

在进行群落的配置时，除考虑湖区的水质、水深等条件外，还需考虑底质因素，如底质是泥沙质还是淤泥质，根据不同植物对底质的喜好，在不同的底质上配置的群落也不同。

4. 水生植被修复的技术途径

（1）挺水植物的恢复。恢复挺水植物一般无须任何演替过程，在确定目标植被的空间分布和种类组成之后，可以直接进行种植。芦苇、茭草、香蒲等挺水植物种类大多为宿根性多年生，能通过地下根状茎进行繁殖。这些植物在早春季节发芽，发芽之后进行带根移栽成活率最高。在湖水比较深的地段也可以移栽比较高的种苗，原则是种苗栽植之后必须有 1 / 3 以上挺出水面。春季栽种茭草的最大水深可以达到 1 m 左右，只要有 2 个以上的叶片浮出水面就可以成活。

（2）浮叶植物的恢复。浮叶植物对水质有比较强的适应能力，它们的繁殖器官如种子（菱角、芡实）、营养繁殖芽体（蕃莱莲座状芽）、根状茎（莼菜）或块根（睡莲）通常比较粗壮，储存了充足的营养物质，在春季萌发时能够供给幼苗生长直至到达水面；它们的叶片大多数漂浮于水面，可以直接从空气中接受阳光照射，因而对湖水水质和透明度要求不严，可以直接进行目标种的种植或栽植。

种植浮叶植物可以采取营养体移栽、撒播种子或繁殖芽、扦插根状茎等多种方式。究竟哪一种最为简捷有效，这要根据所选植物种的繁殖特性来决定。在制定种植方案时，必须认真查阅文献、请教专家或进行观察研究和试验，弄清其繁殖特性、最佳种植方式和季节。

（3）沉水植物的恢复。沉水植物与挺水和浮叶植物不同，它生长期的大部分时间都浸没于水下，因而对水深和水下光照条件的要求都较高。沉水植物的恢复是湖泊水生植被恢复的重点和难点。沉水植物恢复时，应根据湖区沉水植被分布现状、底质、水质现状等因素，选择不同生物学、生态学特性的先锋种进行种植。在沉水植被几乎绝迹、光效应差的次生裸地上，应选择光补偿点低、耐污的种类建出先锋群落。同时，先锋种还需能产生大量种子，植株地生能力强，有利于扩大分布。在光效应较好，尚有一定面积沉水植被残存的湖区，可选择具中等耐污和较高光补偿点的种类为先锋种。湖泊水质较硬时，应当选择易于扎根的种类进行种植。湖区污染严重，直接种植沉水植物难以存活时，可先移植漂浮植物如凤眼莲、大藻等或浮叶植物对湖水先进行净水，待透明度提高后再种植沉水植物，建立先锋群落。

（4）大型水生植物的收割。水生植物的收割是生态修复和管理的重要环节。大型水生植物收割方法包括：手工收割和机械收割。

①手工收割。分推刀收割、镰刀收割、竹竿收割。

②机械收割。分机拖收割、机械收割、水草联合收割机收割。

（四）前置库技术

前置库是指在受保护的湖泊水体上游支流，利用天然或人工库（塘）拦截暴雨径流，通过物理、化学以及生物过程使径流中污染物得到净化的工程措施。广义上讲，湖泊汇水区内的水库和坝塘都可看作是湖泊的前置库，对入湖径流有不同程度的净化作用。我们这里指的前置库工程，是为了控制径流污染而新建或对原有库塘进行改造，强化污染控制作用的工程措施，通常采用人工调控方式。

1. 前置库原理

前置库是一个物化和生物综合反应器。污染物（泥沙、氮、磷以及有机物）的净化是物理沉降、化学沉降、化学转化以及生物吸收、吸附和转化的综合过程。前置库依据物化和生物反应原理，可以有效去除非点源中的主要污染物，如磷、氮和泥沙等，具有多种作用：

（1）物理作用。暴雨径流进入前置库后，流速降低，大于临界沉降粒度的泥沙将在库区沉降下来，在泥沙表面吸附的氮、磷等污染物同时沉降下来，径流得到净化。

（2）化学作用。物理沉降作用仅能去除大颗粒泥沙及其吸附的污染物，净化作用往往不理想。径流中细颗粒泥沙以及胶体较难沉降，可以添加化学试剂破坏其稳定状态，使其沉降，同时也可使溶解态的磷污染物发生转化，形成固态沉降下来。通常使用的化学试剂有磷沉淀剂（铁盐）、脱稳剂和絮凝剂。

（3）生物作用。水生生物是前置库中不可缺少的主要组成部分，对去除氮磷污染物具有重要作用。氮磷是水生生物生长的必需元素，水生生物从水体和底质中吸收大量氮磷满足生长需要，成熟后水生生物从前置库中去除被利用，从而带走大量氮磷；径流中氮磷污染物通过生物转化后，既减少了污染，又得到再生利用；水生生物对有机物和金属、农药等污染也有较好的净化作用。

2. 前置库工艺流程及组成

暴雨径流污水，尤其是初场暴雨径流通过格栅去除漂浮物后引入沉沙池，经沉沙池初沉沙，去除较大粒径的泥沙及吸附态的磷、氮营养物。沉沙池出水经配水系统均匀分配到湿生植物带，湿生植物待在这里起着"湿地"的净化作用，一部分泥沙和磷、氮营养物进一步去除。湿地出水进入生物塘，停留数天后，细颗粒物沉降，溶解态污染物被生物吸收利用，净化作用稳定后排放，出水可以农灌或直接入湖。经过多级净化后，径流污染得到较好的控制。

前置库工程主要组成部分如下：

（1）进水闸。暴雨径流冲击负荷很高，需在前库进水口处设立进水闸，以调控进水流量，同时也起到削峰作用。必要时，还需建截水坝堵截水入库。

（2）沉沙池。沉沙池以平流式为主，并应设排沙或挖沙装置。

（3）配水系统。配水系统应自由布水，并使布水均匀。

（4）湿地。新建或改造利用湖岸边湿地。

（5）生物塘。新挖或改造利用。

（6）放水涵洞。前置库末端设置放水涵洞，使生物塘中已净化的水溢漫入湖。

3. 前置库技术要点

（1）基本参数

①径流水质；

②径流流量；

③泥沙粒级。

（2）基本调查资料

①水文气象资料；

②地质资料；

③场地条件及适宜性分析。

（3）生物净化系统

物种优化原则：

①具有较强净化能力；

②具有较好经济价值或可利用性。

群落结构配置：

群落结构配置包括湿生、挺水、沉水、漂浮植物带之间的搭配比例和面积。

生物净化时间：

①根据经验确定，通常最佳停留时间为 7 天；

②对选定生物种类进行实验测定，确定最佳净化时间。

（五）小流域生态工程技术

生态工程是根据生态系统中物种共生、物质循环再生等原理设计的多层分级利用的生产工艺，也是一种根据经济生态学原理和系统工程的优化方法而设计的能够使人类社会、自然环境均能受益的新型生产实践模式。

1. 生态工程设计的指导思想

①强化第一性生产者。生态学阐明第一性生产者是绿色植物，要发展生产，振兴经济，改善不良生态环境，首先必须种草种树，增加植被覆盖，从根本上改变旧的、落后的生态系统模式。

②生态环境协调统一。生态学阐明环境适应性原理，根据各地地形、水土资源在三维空间的分布规律与其二者的和谐性，坚持因地制宜，合理配置。

③生态系统总体最优。采用系统工程学中的优化方法，建立线性规划数学模型，切实保证方案总体最优。

2. 生态工程系统结构

生态系统是生物与环境的综合体，所以在进行生态工程系统设计时应注意生物物种的配置结构、时空结构和营养结构。

（1）物种配置结构。是指生态系统中不同物种、类型、品种以及它们之间不同的量比关系所构成的系统结构。

（2）时空结构。是指生物各个种群在空间上和时间上的不同配置，包括水平分布上的镶嵌性和垂直分布的成层性以及时间上的演替性。

（3）营养结构。是指生态系统中生物与生物之间，生产者、消费者和分解者之间以食物营养为纽带所形成的食物链与食物网，是构成物质循环与能量转化的重要途径。

3. 小流域生态工程方案的总体设计

在湖泊非点源污染中，来自湖泊防护带的农业非点源污染尤为严重。一方面，农业生产活动频繁，人口密集，污染物流失严重；另一方面，污染物输送过程短，直接对湖泊构成威胁。根据湖泊小流域生态系统的结构与功能，结合各地自然环境、生产技术和社会需要，可以设计出多种生态工程体系，以建立适合我国国情，促进防护带农业持续发展，又能有效控制污染物流失的防护带农业模式，保护湖泊生态环境。

（1）生态农业工程。生态农业工程是指人类按照生态学原理建立和发展的立体种植结构，使单位面积的土地、光、热、水、气、肥等资源得到充分利用，以提高整个系统的总产出；同时，在生产过程中尽量减少、转化废弃物的排出，并加以再生利用，使农业生产过程清洁化、高效化。

生态农业以农业生产及生态环境的协调和持续发展为目标，以资源的互为利用、种群的合理配置为主要内容，实现了农业生态系统的良性循环。

生态农业工程设计的程序，首先要对环境进行调研认识和对生态系统状态进行评价，这是工程设计的基础。同时要应用生态经济学原理，在一定区域内，因地制宜地建立起多层次、多功能的农业系统，并综合分析自然环境要素，社会经济要素，人工调控系统的合理性、可行性和有效性，使整个生态农业系统确保良性循环，促进系统结构优化，实现总体功能最佳。

生态农业工程的设计可分为平面设计、立体设计、时间设计等几个部分。

①平面设计是指在一定区域内，确定各类作物种群或类型所占比例和分布区域。具体步骤如下：

选择适宜种群；综合评审适生种群，确定优势种群；进行种群结构比例和平面空间的设计；根据立地条件、设计种群的景观布局；确定系统、亚系统及其组分。

②立体设计是利用形态上、生理上和生态上不同作物种群组合的复合体。其多层次性，使资源利用更加充分；种群的合理组合，发挥了生物间的互利共生关系。

③时间设计是根据各种资源的时间节律设计出能有效地利用资源的合理格局或机能节律，使资源转化率最高。可分为种群嵌合设计，种群密结设计（将幼龄期与成年期分开安排），设施型设计和变更产出期设计。

（2）生态渔业工程。湖泊生态渔业工程的建设，是为了促进自然调控和人工调控的结合，人工调控对自然调控起补充、增强作用。在遵循自然规律的前提下，运用现代科学技术，达到生态渔业系统的良性循环、高产高效和持续发展的目的。

生态渔业工程以水生生物内部的互适性及其对水域环境的适应互补性为设计和实践的基础。

个体和种群的增长是由密度因子和非密度因子来调控制约的，水域生态环境和水质的保护是生态渔业工程的另一重要条件。因此，适宜的投放密度是生态渔业工程设计的重要前提。

在设计多层次养殖时，种内和种间的互相作用，即竞争、一般共生、互利共生等各种关系，是设计时必要考虑的因素。如将草鱼、白鲢、花鲢、鲤鱼混养，并适量投放青鱼是一种互利共生的好模式。各种有机体在自然平衡的生态系统中，占有不同的生态位，摄取不同层次的物质和能量。根据上述原理，投放模式可有：鲢—鳙、草—鳊、青鱼模式等。

近几十年来，我国生态渔业工程已有了长足的进展，各种混养模式和人工调控方式很多，如库（塘）复合混养、桑基鱼塘、湿地养鱼生态工程、围网养殖、网箱养殖、稻田养鱼等。

（3）城镇生态工程。城镇生态系统是一个多层级多系统的开放性系统。可分为社会、经济、自然三大亚系统和若干子系统。就经济系统而言，有生产结构、消费结构、部门结构、行业结构等，其功能的多样化，表现为政治、经济、文化、社会、科学与技术等。城镇生态系统的主要特征有以下几个方向：

①以人为中心的人工建造系统。以人群的聚居和人工建筑为主要特征的城镇，完全改变了原有自然生态系统结构。人类的经济活动、社会活动和自身的再生产活动成为人工生态系统的决定性因素。人是这个系统中最积极最活跃的核心因素。系统中的一切环节均通过人为的调节、干预得到发展。

②城镇生态系统是一个开放系统。城镇生态系统依靠外部输入能量、物质，并在内部经过生产消费和生活消费，排出废物。利用其他生态系统的自净能力，才能消除其不良影响。

③城镇生态系统的功能具有多样化。城镇生态工程建设的基本原则和内容是，以城镇生态学、系统科学、管理科学为基础，进行生态工程的设计与建设。

④以人为本原则。以人的生活质量、生活效率、活动空间的适宜度确定建设规模与建设项目。

⑤环境容量与资源的可支撑度是城镇生态工程设计的必要依据。环境容量包括人口与土地、人口与自然、人口与基础设施等要素。资源的可支撑度指水、土地、能源等要素。

⑥废弃物（含废水、废气、固体废弃物）的合理处理，进行资源化或净化处理的设计

是生态工程设计必不可少的内容。

⑦城镇生态工程的重要内容之一是城镇绿化。绿化率一般应达到25%～30%，人均公共绿地7～8m²，人均公园面积不少于4.5m²。同时，需有防护林带、行道树、小区绿化等措施。

参考文献

[1] 王丽娜，艾云凤.委托代理中污染问题研究 [D].沈阳：东北大学出版社，2006：1173-1177.

[2] 刘天齐.环境经济学 [M].北京：中国环境科学出版社，2004：85-116.

[3] 彭珂珊.我国水土保持在生态文明建设中的实践与思考 [J].首都师范大学学报（自然科学版），2016，37（05）：58-69.

[4] 林德生，党晨席，郭睿，等.生态修复在水土保持生态建设中的优化作用探究 [J].环境与发展，2017，29（10）：177.

[5] 钟春欣，张玮.基于河道治理的河流生态修复 [J].水利水电科技进展，2004，24（3）：12-14.

[6] 李翀，廖文根.河流生态水文学研究现状 [J].中国水利水电科学研究院学报，2009，7（2）：31-36.

[7] 郭静波.生物菌剂的构建及其在污水处理中的生物强化效能 [D].哈尔滨：哈尔滨工业大学，2010.

[8] 邹东雷.高浓度难生物降解有机废水处理技术及研究工艺 [D].吉林：吉林大学，2006.

[9] 王曙光，宫小燕，栾兆坤，等.CEPT 技术处理污染河水的研究 [J].中国给排水，2001，17（4）：16-18.

[10] 戚科美.人工水草对污染河流中氮磷等污染物的去除效果研究 [D].济南：山东师范大学，2017.

[11] 赵珺.北大港水库生态修复技术研究 [D].天津：天津大学建工学院，2015.

[12] 贾治超.微生态制剂对刺参幼参生长、养殖水质及氮、磷收支的影响 [D].天津：天津农学院，2014.

[13] 李元鹏，于惠莉，顾学林.鲢鳙鱼原位修复水库水质的试验 [J].净水技术，2017，36（10）：52-56.

[14] 方焰星，何池全，梁霞，等.水生植物对污染水体氮磷的净化效果研究 [J].水生态学杂志，2010，3（6）：39-40.

[15] 杨芸.论多自然型河流治理对河流生态环境的影响 [J].四川环境，1999，18（1）：19-24.

[16] 杨非，王建清，张亚平，等．农田排水河道的生态修复工程设计与实际效果 [J]．中国给水排水，2018，34（18）：95-99.

[17] 徐悦．浅析河道综合治理工程中的生态修复设计——以闵行区马桥镇宋长浜等河道综合治理工程为例 [J]．中国园艺文摘，2017，33（03）：155-156.

[18] 王金建，崔培学，刘霞．小流域水土保持生态修复区森林枯落物的持水性能 [J]．中国水土保持科学，2015，3（1）：48-52.

[19] 关军洪，郝培尧，董丽，等．矿山废弃地生态修复研究进展 [J]．生态科学，2017，36（2）：193-200.

[20] 朱琳．矿山生态修复技术方法研究 [J]．广州化工，2011，39（15）：31-33.